AF391825

LA
VIE DES BOIS
ET
DU DÉSERT

2ᵉ SÉRIE GRAND IN-8º

Gorille tuant un nègre.

LA
VIE DES BOIS

ET

DU DÉSERT

RÉCITS DE CHASSE ET DE PÊCHE

PAR

BÉNÉDICT-HENRY RÉVOIL

TOURS

ALFRED MAME ET FILS, ÉDITEURS

—

M DCCC LXXXVII

PRÉFACE

J'offre au public un nouveau recueil de mes souvenirs de voyages, auquel j'ai cru devoir joindre divers récits qui m'ont été communiqués par des confrères et des amis.

Le bon accueil fait à mes deux volumes : *Chasses et Pêches dans l'Amérique du Nord,* m'a engagé à faire cette nouvelle publication.

Je me tiendrai pour satisfait si mes lecteurs d'aujourd'hui sont aussi nombreux que ceux qui ont applaudi à mes premières narrations cynégétiques.

Bénédict-Henry RÉVOIL.

Paris, 1er septembre 1873.

RÉCITS

DE CHASSE

ET

DE PÊCHE

I

UNE CHASSE A L'OURS EN NORWÈGE

Je me trouvais dans les *gaults* de Holman, sur la rivière de Schlangli, dans une étroite vallée des Alpes Scandinaves, au 70e degré de latitude.

Mon ami le Lapon était venu avec Finck, le tueur d'ours, et nous grimpâmes un matin dans la montagne, pour trouver un énorme animal qui nous avait été indiqué par les habitants.

Notre hôte, qui s'appelait Nostrüm, nous avait accompagnés. Nous étions quatre, armés de fusils. Mes compagnons portaient deux couteaux en acier de Suède à la ceinture : un sur le côté droit, un autre sur le côté gauche. Quant à moi, je possédais un poignard d'une trempe à toute épreuve.

Les nuages gris qui couraient dans la montagne au moment de notre départ se dissipèrent, et nous avançâmes vers notre but, presque en droite ligne, par des sentiers abrupts.

Au bout de deux heures je m'arrêtai harassé : mes compa-

gnons, habitués à ces ascensions, ne paraissaient pas
essoufflés. Nostrüm, détachant d'un bouleau une bande
d'écorce, la tourna adroitement en forme de corne et me la
présenta remplie d'eau glacée.

Cette boisson ranima mes forces, et nous continuâmes à
monter, après avoir attaché en cet endroit les deux rennes
que nous avions emmenés.

Nous avions dépassé la zone des épicéas, et les rochers
qui se hissaient devant nous étaient nus et arides ; le froid
devenait sensiblement plus vif ; au-dessous de nous un épais
brouillard nous cachait la vallée, qui semblait une rivière de
glace, et sur nos têtes une forêt de roches aux formes boule-
versées, des bandes de neige et le ciel bleu. Aucun bruit, si
ce n'est celui de quelques pierres qui s'éboulaient sous nos
pieds et roulaient au fond de l'abîme, et parfois le bruit sourd
d'une chute d'eau qui remontait jusqu'à nous.

Quel spectacle ! nous nous trouvions dans les domaines de
la vieille nature, et nous approchions de la demeure présu-
mée de l'ours.

Finck, qui nous conduisait, s'arrêta, et nous imitâmes son
exemple. Il se débarrassa de son épaisse blouse en *waldmel,*
et ne conserva que sa veste de peau, ce que fit également son
camarade ; puis il se mit à ramper comme un serpent sur les
rochers, et au bout d'une heure il revint annoncer qu'il avait
vu *par corps* l'anachorète quadrupède.

Nous n'étions pas éloignés, en ligne droite, de l'animal de
plus de trois cents pas ; mais l'escarpement nous empêchait
de voir ce qui se passait et d'entendre les nombreux hourras
poussés par les traqueurs. J'ajouterai que le froid nous faisait
grelotter, moi particulièrement, et qu'il régnait un silence de
rigueur.

Nous allions courir un danger de mort, — l'un de nous au
moins, — et aucune gloire ne pouvait nous en revenir, car
nul ne connaîtrait les détails de notre fin. Jouer notre vie
contre la peau d'un ours ! en vérité, notre existence ne valait-
elle pas quelque chose de mieux ?

Telles étaient en ce moment mes pensées, bien différentes

de celles qui m'animaient au départ. Qui de nous, en effet, après avoir eu quelque beau rêve de cœur ou de fortune, au coin de son feu, dans un moelleux fauteuil, ne l'a pas vu, en l'exposant à la bise de décembre, disparaître plus vite encore que le nuage qui passe? Quelque chose de semblable m'arrivait.

J'avais rêvé de fabuleux combats avec les ours ; je m'étais vu là où j'étais en effet ; mais je n'avais point songé à la plate réalité, c'est-à-dire aux fatigues du chemin, à l'essoufflement qui en était la suite, à la maladresse qui devait nécessairement en résulter dans le tir, à la presque certitude d'une mort lamentable, si j'eusse été en compagnie de chasseurs moins intrépides.

Je raconte franchement mes impressions : elles pourront servir à calmer l'ardeur de quelques touristes avides d'émotions. Ce n'était plus l'heure des réflexions, il s'agissait d'agir ou de reculer.

L'endroit dans lequel nous nous trouvions présentait une surface de quinze à vingt mètres de superficie. D'un côté cette surface allait, en s'inclinant pendant une dizaine de pas, se heurter à la masse de la montagne.

Tel était l'endroit que Finck avait choisi pour champ de bataille, et c'était là qu'il voulait amener le monstre. Nostrüm et notre ami le Lapon devaient, au premier grondement, s'élancer à droite et à gauche sur les murs du défilé, et, en attendant, rester tranquilles, pour que l'ours, en nous éventant, ne s'inquiétât pas outre mesure.

Finck devait venir se placer derrière moi au premier signal. Je m'avançai donc seul avec précaution dans la direction de la caverne.

Lorsque j'arrivai au coude que formait le défilé, j'aperçus, à vingt-cinq ou trente pas, à l'entrée d'un trou de quatre à cinq pieds d'ouverture, une forme sombre qui me parut vague d'abord, mais dans laquelle je reconnus vite celle de notre ours. Il était posé à la façon d'un chien ou d'un sphinx, le corps à moitié sorti de sa caverne, la tête droite. Évidemment il nous avait éventés depuis longtemps ; car on sait que l'ours est doué d'un odorat très délicat.

Je m'arrêtai immobile; l'ours ne bougea pas. Seulement, à la place des yeux, que je n'avais pas encore aperçus, je vis deux petits points blancs qui grandissaient toujours.

Je subissais en ce moment comme une fascination; mon regard se perdait. Ce fut un éclair. Le sentiment de ma position me revint. Je fis un pas. Les points devinrent des yeux, les oreilles s'agitèrent; j'avançai encore d'une semelle, un frémissement passa dans tout le corps du monstre : un léger grondement, comme un soupir, se fit entendre. C'était son dernier avertissement, sa dernière menace.

Je fis machinalement le mouvement d'épauler mon fusil. L'ours s'était dressé, il marchait vers moi. Je jetai un cri : je le vis debout, il avait plus de cinq pieds; le poil de sa tête était hérissé; ses yeux, blancs comme de l'argent fondu, devenaient rouges, sanglants; il soufflait; ses dents claquaient de fureur et rendaient un bruit féroce. La bête était hideuse.

Je m'étais mis à reculer, afin d'amener l'animal à l'endroit choisi par Finck; mais il avait franchi promptement l'espace qui nous séparait. Je craignis son étreinte, et lui envoyai ma balle à quatre pas. Nous étions à deux longueurs d'homme du champ où j'avais voulu l'attirer. Deux coups de fusil avaient accompagné le mien.

J'entendis un rugissement terrible, suivi au même instant d'un cri humain; car une ombre avait passé devant moi, et l'ours tenait, en grondant toujours, l'intrépide Finck étreint sur sa poitrine.

Le combat se livrait malheureusement dans le défilé trop hérissé de pointes rocailleuses pour que l'homme ne fût pas promptement meurtri. Le Lapon avait saisi son ennemi par le cou et le tenait embrassé. Dans cette position, l'ours ne pouvait le mordre; il pouvait seulement le serrer, le broyer avec ses avant-bras.

On croit vulgairement que l'ours étouffe sa victime en la serrant sur sa poitrine; c'est une erreur : il l'étreint entre ses avant-bras, dont il se sert comme d'un étau; mais sa conformation ne lui permet pas de croiser ses bras à la manière des hommes.

On comprend dès lors de quelle importance il est pour le chasseur de se jeter le premier sur l'animal, de le saisir par le cou afin d'éviter ses morsures, d'avoir les bras libres et de pouvoir s'en servir pour le frapper à la tête et surtout sur les côtés et derrière l'oreille, endroits qu'il a extrêmement sensibles, ainsi que le nez. Un coup de petit plomb à ces parties, ou dans les yeux, suffirait pour le tuer.

L'intrépide Lapon avait lâché son couteau en se roulant avec l'ours sur une pointe rocailleuse qui l'avait cruellement meurtri à la main, et les péripéties du combat ne lui avaient pas permis de tirer son second couteau. L'étreinte qui le broyait était si violente qu'il ne pouvait jeter un cri. Je trouvai la lutte bien longue ; Nostrüm aussi, car je le vis dégainer et se laisser glisser vers les lutteurs ; le Lapon le suivait, et au même instant je m'aperçus que le malheureux Finck était désarmé. Je compris pourquoi l'ours n'était pas encore mort, quoiqu'il perdît des flots de sang. Il grondait et rugissait à faire dresser les cheveux ; mais il n'y avait pas un instant à perdre, Finck pouvait mourir étouffé. Je tirai mon poignard et le lui mis dans la main.

Je reçus bien un coup de griffe, mais deux secondes après un hourra remplaçait l'hallali ; l'ours râlait, ses yeux rouges comme du sang avec un petit filet blanc en travers, et, la gueule ensanglantée, nous menaçait bien encore, mais il n'y avait plus rien à craindre. Quelques instants après il était mort.

Finck était couvert de sang ; il avait les jambes labourées par des coups de griffe. Je lui passai ma gourde de rhum, et on chercha de l'eau pour laver ses blessures. Nostrüm, en sa qualité de médecin, déclara, après examen, que des compresses d'eau glacée et des frictions faites avec la graisse de l'ours suffiraient pour guérir notre brave compagnon en trois à quatre jours. Nostrüm eut raison.

Malgré ses blessures, Finck voulut servir la bête lui-même. Il lui coupa le pied droit, afin de ne pas perdre la prime de quinze francs offerte par l'État. Le reste de l'opération ne demanda vas beaucoup de temps, et on chargea la peau et les quartiers sur les deux rennes que l'on avait été chercher. Une de mes balles s'était logée à deux pouces du cœur, l'autre un peu à gauche. Les deux autres coups de fusil avaient porté dans le cou et dans l'épaule : aucune de ces blessures n'était mortelle.

Notre expédition avait duré six heures.

Tout naturellement je voulus manger de notre ours. Mais, soit que cette viande demande un assaisonnement que je ne pouvais lui donner , soit la répugnance que j'avais à la goûter, je la trouvai peu agréable. Elle avait comme un goût de sanglier que je n'aime pas, accompagné de quelque chose d'huileux qui acheva de me déplaire. Les jambons gelés ne me parurent pas meilleurs ; cependant la chair de l'ours est un grand régal parmi les Lapons. La graisse sert à plusieurs usages : fraîche, elle remplace le beurre de renne ; fondue, elle tient lieu d'huile de poisson. On l'emploie aussi avec succès contre certaines douleurs.

Nous fîmes encore plusieurs chasses. On employa un jour la lance au lieu du couteau. Cette fois j'avais tiré l'animal par surprise à vingt ou vingt-cinq pas ; une balle lui avait labouré les côtes. Il me fixa une seconde, fit sept ou huit pas au trot, se leva sur ses pieds de derrière, et se dirigea vers moi avec des grognements féroces et en exprimant sa colère par cet épouvantable grincement de dents qui fait frissonner ceux qui l'entendent.

Nous étions toujours les quatre mêmes chasseurs. Finck passa encore devant moi, et avec une longue lance de trois mètres, armée d'un fer extrêmement acéré et solidement emmanché, il frappa violemment l'ours en pleine poitrine. Le fer pénétra dans les chairs. L'animal, fou de rage, se précipita de lui-même sur la lance, et s'enferra complètement. Le Lapon, pendant ce temps, maintenait avec une surprenante adresse l'extrémité de la lance sur le cou-de-pied, de manière que les efforts et les soubresauts de l'ours ne rompissent pas le bois.

Cela dura peut-être dix minutes ; puis l'ours s'abattit et se roula avec rage pendant quelques instants, lançant des flammes par les yeux et du sang par la gueule : après quoi tout fut fini.

Les Lapons ont encore un moyen singulier et ingénieux de se procurer de la chair d'ours. Lorsqu'ils ont vu par corps un de ces animaux et qu'ils ont pu juger sa taille, ils creusent à la hauteur convenable un trou dans le tronc d'un vieux arbre et le remplissent de miel. Puis ils suspendent aux branches supérieures de l'arbre une poutre dont l'extrémité cache l'ouverture du trou. On a soin que cette poutre puisse facilement imiter le mouvement d'un balancier. L'ours, très friand de miel, comme on le sait, se dresse pour le lécher ; mais pour cela il faut qu'il écarte le balancier, qui en retombant le frappe à la tête, qu'il a extrêmement sensible, comme je l'ai déjà dit.

Telle est la gourmandise de cet animal, qu'il ne se lasse pas d'écarter ce terrible balancier, lequel, à la longue, l'étourdit au point qu'il tombe au pied de l'arbre, et que le plus souvent il finit par y périr.

Tous les ours que j'ai vus en Norwège étaient plus ou moins bruns ; je n'ai pas eu l'occasion d'en rencontrer de noirs, quoiqu'il y en ait, surtout du côté de Trondjem. Du reste, dans les régions où nous l'avons chassé, l'ours est plus frugivore et herbivore que carnassier ; il n'attaque guère l'homme sans être blessé ou provoqué par lui. Mais alors c'est entre les deux ennemis un combat à mort, car la fuite est impossible, et malheur au chasseur qui chercherait ce moyen de salut.

Lord B..., avec qui je revenais de Hambourg à Paris, me fit en termes pittoresques ce bref portrait de l'ours, qu'il venait aussi de visiter.

« L'ours était un parfait gentleman. Si vô passez à côté sans provoquer lui, il vô regardait pas. Si vô insultez lui, alors il boxait et tuait vô. Oh ! yes ! »

II

CHASSES AUX GIRAFES

Jusqu'au milieu du siècle dernier, les savants de l'Europe semblaient mettre en doute l'existence de la girafe. Les voyageurs avaient beau dire :

« J'ai vu, en tel endroit, sous telle latitude, un animal dont la robe est celle d'un tigre, la tête d'un cerf et le cou aussi gracieux que celui d'un cygne ; dont la taille est si élevée, que trois hommes montés sur les épaules les uns des autres atteindraient à peine, en levant le bras, le haut de son front ; dont la timidité est si grande, qu'un roquet pourrait le faire fuir rien qu'en aboyant ; dont la vitesse ressemble à celle d'un lévrier... »

On souriait, et... on les prenait pour des hâbleurs.

C'était, du reste, tout ce que l'on savait de la girafe à cette époque-là ; mais si celui ou ceux qui avaient vu l'animal eussent raconté à nos pères que la langue de la girafe était pour elle ce que la trompe est à l'éléphant, et lui servait, — longue de cinquante centimètres environ, — à manger aussi bien qu'à happer et « tâter le terrain » ; que les narines de cet intéressant quadrupède, étroites et obliques, étaient défendues par des *chevaux de frise* formés par des poils assez durs et entourés de fibres nombreuses qui servaient au besoin à fermer ces orifices, de telle façon que ni le sable ni la poussière ne pussent y pénétrer quand le *simoun* ravage le désert, on eût couru sus à cet audacieux, et peut-être eût-il payé son « invention » au prix de la liberté dans une maison d'aliénés.

Qu'eût-ce été si cet imprudent eût affirmé que les yeux de la girafe étaient placés de telle sorte que, sans remuer la tête, elle pouvait embrasser du regard l'horizon devant, derrière, par côté, si bien que tout ennemi ne devait pas espérer rester inaperçu ! Cette fois on l'eût jeté dans un cabanon avec une camisole de force.

De nos jours la girafe n'est plus un mythe ; nous l'avons vue, nous la possédons en vie dans nos jardins zoologiques, et aussi bien portante que possible. Nous savons que si l'animal n'est pas précisément aussi gracieux de formes que le cheval ou le zèbre, il n'en est pas moins un des curieux spécimens de la création.

La girafe est originaire d'Afrique ; elle nous vient de l'Abyssinie et des pays environnants. On sait qu'à la chasse on rencontre ces animaux par compagnies de douze à vingt individus ordinairement, mais que souvent ce nombre est porté à trente et quarante.

Ces « compagnies » ou ces « hardes », — si mieux on aime désigner ainsi les troupeaux de girafes, — passent pour des familles entières, dans les rangs desquelles se trouvent des jeunes *faons* à peine hauts de deux mètres, des *adultes* mesurant de trois mètres à trois mètres et demi, et enfin des mâles de quatre mètres et demi. Les femelles sont généralement un peu plus petites que ces derniers ; on les reconnaît aussi à la délicatesse de leurs formes.

Il y a vingt-cinq à trente ans à peine, quatre girafes furent prises dans les solitudes de l'Abyssinie, et ces animaux, considérés comme fabuleux, satisfirent la curiosité du public au prix de cinquante centimes. Mais si l'on admire cette bête au regard si doux, si l'on aime à caresser son cou onduleux, qui semble demander qu'on la choie, quel sentiment n'éprouverait-on pas si on se trouvait, en plein désert, en présence d'une harde de girafes broutant les feuilles des hautes

branches d'arbres avec autant de facilité qu'un bœuf tond de
sa langue râpeuse le gazon des prairies, ou prenant ses ébats
au milieu d'une forêt de mimosas en fleur !

On doit se dire, en réfléchissant à la chasse des girafes,
que rien n'est plus facile que de découvrir un ou plusieurs
de ces animaux, dont les têtes dépassent la cime des arbres.

Il n'en est pas ainsi, cependant ; et les plus habiles voya-
geurs-sportsmen de l'Angleterre eux-mêmes avouent que bien
souvent ils ont été trompés, et qu'ils ont pris pour un de ces
animaux des troncs d'arbres décortiqués.

Gordon Cumming[1], qui prétend avoir abattu tant de girafes
qu'il en a oublié le nombre, convient également qu'il fut
déçu en mainte occasion, lui et ses serviteurs ; ils croyaient
souvent avoir devant eux un troupeau de *caméléopards,* et se
trouvaient en présence d'arbres dépouillés de leur écorce, ou
bien, s'imaginant apercevoir seulement des troncs dénudés,
ils laissaient de côté une bande de girafes.

La chair de ces animaux, au dire de ceux qui en ont
mangé, est d'un goût très fin ; elle a le parfum du *mokaala*
et des autres arbustes à fleurs odorantes dont ils se nourrissent. Cumming assure même que les girafes répandent
une odeur toute particulière, et il ajoute que quand il se trouvait au milieu d'un troupeau de ces quadrupèdes, « il croyait
être au milieu d'une atmosphère répandant les parfums d'une
ruche d'abeilles, ou de miel échauffé. »

La bonté de la girafe est proverbiale, et le même voyageur
que je viens de citer raconte que certain jour, ayant abattu
une jeune bête de la harde qu'il poursuivait, il descendit de
cheval et toucha de la main la tête de sa victime ; celle-ci, au
lieu de montrer le moindre indice de colère ou de ressenti-
ment, ferma gentiment les yeux, et sembla le remercier de
cette attention pour elle.

Cependant, lorsque Cumming eut le courage de lui couper
la carotide, afin de terminer son agonie et de procéder au

---

[1] Dont j'ai traduit les deux volumes publiés par Alexandre Dumas, chez
MM. Michel Lévy frères.

dépouillement, l'animal se débattit en frappant des pieds de toutes ses forces : on eût dit qu'il reprochait à son bourreau le mal que celui-ci lui faisait : ses yeux parlaient du moins en ce sens-là.

Un chasseur anglais, sir William Harris, traversant certain jour le pays des Baquianas, en quête de gibier, aperçut une harde de girafes. C'était au mois de novembre, et le voyageur à cheval suivit leur piste pendant plus d'une lieue.

« J'aperçus enfin, raconte-t-il, trente-deux girafes de tailles diverses occupées à brouter les feuilles d'un bouquet de mimosas, dont la végétation luxuriante embellissait encore plus ce tableau, bien fait pour faire affluer le sang dans la poitrine d'un voyageur. Mon cœur battait au point d'éclater : je sentais courir du vif-argent dans mes veines.

« Je me trouvais à peine à cent yards de la harde, mais j'avais dans mes projets de mettre en pratique la chasse des gens du pays, et non point de tirer *au posé ;* c'est pour cela que je réservai mes deux coups de feu pour une occasion propice.

« J'étais accompagné par quatre Hottentots à cheval qui s'étaient éparpillés deci, delà, à la poursuite de *koodoos,* mais qui, sur un signal de moi, ne tardèrent pas à rallier.

« Tout à coup notre marche fut entravée par un rhinocéros en colère, qui se tenait, lui et son jeune, — aussi hideux que celui auquel il devait le jour, — juste au milieu du chemin, prêt à fondre sur les intrus qui troublaient le calme de leur solitude.

« Je donnai l'ordre à l'un des quatre Hottentots de faire un circuit et de tirer sur les deux brutes hideuses un coup de feu chargé à balle.

« A peine la détonation eut-elle été produite, que la troupe entière des girafes bondit et se mit à fuir ; elles trottinaient d'une façon rapide, se livrant à des sauts de grenouilles très drôlatiques : il va sans dire que je me trouvai bien vite fort en arrière.

« A deux reprises différentes les formes élancées de ces gracieux animaux furent cachées à ma vue par les arbres. Mes quatre compagnons et moi nous nous précipitâmes à travers la forêt, et deux fois, en sortant de ces bosquets épineux dont les épines déchiraient nos vêtements et transperçaient notre peau, j'aperçus la harde à distance, le soleil miroitant sur la peau lustrée de chaque individu.

« Dans un moment donné, le turban de mousseline blanche dont mon front était couvert étant tombé par terre accroché par une ronce, je vis trois rhinocéros qui piétinaient sur ce voile protecteur, et qui, cela fait, se mirent à ma poursuite.

« Cinq minutes après ce petit incident, les girafes parvenaient sur le bord d'une petite rivière bordée de bancs d'un sable très fin, dans lequel leurs sabots enfonçaient à ce point que leur marche se trouva retardée. Enfin les gentilles bêtes atteignirent l'autre bord, et quand elles grimpèrent sur les rives abruptes du courant d'eau, je compris qu'elles étaient à bout de forces.

« Quelques coups d'éperons me suffirent pour forcer ma monture à franchir comme une flèche la distance qui me séparait des girafes. Je me trouvai dans un instant côte à côte avec le Nestor de la harde, très facile à reconnaître des autres animaux par la couleur noisette foncée de sa robe et sa haute stature. Au même instant je portai à l'épaule ma carabine à deux coups, et je fis feu en visant aux omoplates.

« Quelle qu'eût été la force de la charge et la blessure reçue, il se glissa de nouveau parmi les mimosas, et je le suivis en rechargeant mon arme et en refaisant feu coup sur coup.

« Je me souviendrai toujours de l'aspect noble et impassible de la pauvre victime à la mort de laquelle je m'acharnais. Tantôt elle tournait ses yeux de mon côté, et des pleurs coulaient le long de ses joues, tantôt elle reprenait sa course ; mais bientôt un frisson fit trembler ses membres ; sa peau se tendit, et à un moment donné sa tête se replia ; elle tomba sur le sol.

« Je n'oublierai jamais ce moment-là. J'avais enfin atteint

le but de mes désirs : aussi, dans l'exaltation de ma joie, je poussai des cris frénétiques et je hélai mes compagnons, tout en débarrassant mon cheval de sa selle et de sa bride. Cela fait, je me laissai tomber sur le gazon à côté de la bête que j'avais conquise.

La girafe.

« J'examinai les blessures d'où le sang coulait à flots, et je compris alors comment mon plomb avait eu de la peine à percer une peau aussi dure (un centimètre et demi d'épaisseur) à une distance de soixante à soixante-dix mètres.

« A l'aide de mes quatre Hottentots, je pus d'abord dessiner ma girafe, puis la dépouiller de sa peau ; et quand tout cela fut fait, je coupai la queue, qui remplaça mon turban autour de ma cape de chasse, et certes ce fut là le plus beau trophée que j'aie jamais porté au retour d'une excursion cynégétique. »

J'avoue que, comme M. Harris, j'aurais éprouvé une bien

grande sensation en jetant par terre une girafe mesurant cinq mètres de hauteur. Moi qui, dans mes excursions à travers l'Amérique du Nord, n'ai jamais élevé mes prétentions au delà d'un bison, d'un ours, d'un élan, d'un cerf ou d'un caribou, je comprends que pour décrire une chasse à la girafe il faille autre chose qu'une plume, de l'encre et du papier. Une pointe de diamant et une tablette de bronze : voilà ce qui est indispensable pour pareille description.

Gordon Cumming lui-même, — qui, après avoir jeté par terre un éléphant, saisissait son moulin à café et broyait la graine de moka pour se remettre de l'émotion qu'il avait éprouvée, — ce rude champion, si redoutable aux bêtes féroces de l'Afrique australe, manifeste dans ses écrits un remords tout particulier pour avoir occis quelques girafes. Écoutons-le parler :

« J'avais devant moi dix girafes qui galopaient en tortillant leur longue queue sur leur dos et en faisant gracieusement onduler leurs têtes. Je n'avais jamais, dans ma carrière de chasseur, rien éprouvé de comparable à ce que je ressentais. Je m'attachai à la plus belle bête du troupeau, et je la détournai.

« Lorsqu'elle se vit poursuivie, elle allongea le pas, et se mit à galoper avec une incroyable rapidité, franchissant à chaque bond une immense longueur de terrain. Quelques minutes me suffirent pour me trouver à cinq mètres de la girafe. Je tirai en galopant, et lui logeai ma première balle dans la croupe, et ma seconde au défaut de l'épaule. A dire vrai, ces deux projectiles avaient produit peu d'effet, et quand la bête ralentit le pas, je me hâtai de mettre pied à terre, en rechargeant mes deux coups. L'animal avait repris son trot et descendait dans le lit desséché d'un torrent, au moment où j'épaulai et fis feu. Cette troisième décharge avait bien porté, mais n'était point suffisante pour abattre l'animal, qui courait encore.

« Je suivis ma girafe, qui disparut bientôt au milieu des arbres.

« Elle s'arrêta encore, et alors son œil brun s'abaissa sur moi comme pour m'implorer.

« Dans ce moment de triomphe j'éprouvai pourtant un regret douloureux, en songeant au sang que j'allais répandre ; mais ma vanité de chasseur étouffa ce sentiment ; j'élevai obliquement le canon de ma carabine, et je lui envoyai une balle dans le cou.

« La girafe releva ses jambes de derrière par un bond prodigieux, et retomba aussitôt avec un bruit formidable. La terre parut trembler autour d'elle ; un jet de sang noir et épais jaillit au loin hors de sa blessure ; ses membres gigantesques frissonnèrent un instant, et elle expira. »

III

CHASSE AUX PAONS DANS L'INDE

Qui n'a pas vu un de ces admirables oiseaux exotiques pour lesquels le Créateur a gardé toutes les richesses de sa palette, ignore jusqu'où peut aller le miracle de la nature créatrice, la fantaisie féerique du beau et de l'idéal. Certes les paons naturalisés en France sont de très beaux oiseaux, dignes à tous égards de notre admiration ; mais ceux qui nous viennent des grandes Indes sont, en rapport à notre espèce, ce qu'est le lophophore de Temmink [1] à un faisan de nos forêts.

[1] Le *lophophorus refulgens*, — lisez l'*éclatant*, le *brillant*, — est, avec le paon de l'Inde, le roi de la création empennée. Rien n'est plus résplendissant que la robe d'or, de saphir et d'émeraude que ces superbes oiseaux promènent avec une fierté toute royale. Quand ils vivent prisonniers dans les cages de nos jardins d'acclimatation ou de nos parcs, ils ne manifestent ni l'un ni l'autre, comme les oiseaux vulgaires, cet appétit sans vergogne qui les fait se précipiter au-devant des hommes pour obtenir leur nourriture ordinaire. Ils savent qu'on les respecte, et qu'on leur fournira toujours abondamment le vivre et le couvert. Tranquilles et majestueux, ils marchent pour se faire admirer, lentement, magistralement, et reçoivent du haut de leur grandeur les hommages qui leur sont dus.

Il existe un admirable paon de l'Inde au jardin des Plantes ; mais il y a des lophophores au jardin d'acclimatation. Par malheur ils n'ont pas encore reproduit régulièrement. Un des administrateurs de la société, M. Pomme, qui possède, près d'Arpajon, une volière très complète et parfaitement tenue,

Les paons de l'Inde sont des oiseaux sacrés pour les indigènes ; leur grosseur, leur brillant plumage et le danger que l'on court en les chassant, comme je l'expliquerai plus loin, tout contribue à donner aux Européens, vrais amateurs de sport, un plaisir des plus grands dans cette guerre faite aux « bijoux ailés » des grandes Indes.

Plusieurs de nos amis, qui ont visité la terre protégée par Siva et Whisnou, m'ont assuré avoir aperçu, dans les parages nommés *D'jungleterry,* des forêts dont les branches étaient couvertes de ces oiseàux.

Généralement ceux qui font la chasse pour approvisionner la table des nawabs et des riches zemindars de l'Inde, — j'entends les braconniers du pays, — agissent comme nos paysans chasseurs de France. La nuit, à l'affût, ils assassinent leur ou leurs paons, *au perché ;* et plus la lune est brillante, plus ils ont de chance de réussir, non seulement parce qu'ils distinguent mieux la forme du paon dans les arbres, mais encore parce qu'il leur est plus facile d'avancer, sans craindre de mettre le pied à chaque pas sur la queue d'un tigre et de l'indisposer contre eux.

Les zemindars qui ménagent leur chasse et ne veulent point la dépeupler recommandent au fournisseur de leur garde-manger de ne jamais tuer qu'un seul ou deux paons à la fois ; afin d'arriver à ce but, le chasseur à gages se blottit derrière un buisson, dans un endroit où il a soin d'agréner les paons ; il observe le silence le plus complet, et le soir et le matin, à l'heure du gagnage, ces oiseaux viennent picorer à la même place, sans mémoire du danger couru quelques

a seul obtenu, grâce au calme de sa demeure, calme inconnu au jardin du bois de Boulogne, des œufs fécondés d'un couple de lophophores. Cinq petits étaient éclos, en 1867, de ce premier essai et prospéraient à merveille, lorsque le chien d'un visiteur effraya cette jeune troupe, et l'un des effrayés, en se sauvant, se brisa la tête contre les barreaux de l'enceinte qui le renfermait. M. Pomme crut alors pouvoir se donner le luxe d'un rôti de *mille* francs. Il invita quelques amis, et, en temps et lieu, on dégusta ce « poulet de mille », dont la chair fut déclarée aussi exquise que son plumage était beau.

Je doute cependant que d'ici à longtemps encore on puisse voir de pareils rôtis exposés chez MM. Chevet ou Potel et Chabot.

jours auparavant, sans se souvenir qu'à cet endroit leur père, leur frère ou leur sœur ont perdu la vie, atteints par un plomb meurtrier.

Les paons, eu égard à leur grosseur, à leur force et à la distance où ils sont tirés d'habitude, indiquent assez au chasseur le numéro du plomb et la charge de poudre qu'il doit mettre dans sa carabine. C'est généralement avec le n° 4 qu'on les abat, en visant aux ailes ou à la tête.

Les territoires où les paons se trouvent en plus grande quantité, dans les grandes Indes, sont les *djungles,* vastes déserts semés d'arbrisseaux épineux, sur lesquels se détachent çà et là quelques bouquets de cocotiers, de palmiers sauvages, de baobabs dont un seul suffit pour former un fourré inextricable, le tout entremêlé de grandes herbes très hautes qui rendent ces marécages indiens aussi dangereux que le sont les swamps de l'Amérique du Nord, ceux où les nègres marrons courent pour fuir l'esclavage, mais où la mort les retrouve toujours.

Dans le D'jungleterry se trouve un lac d'une certaine étendue, sur les bords duquel la gent paonine semble avoir fait élection de domicile : c'est là que se passera la scène que je vais raconter à mes lecteurs. Les héros de la chasse dont il s'agit sont deux Français établis à Calcutta, dont j'ai eu la bonne chance de feuilleter les notes inscrites sur leurs livres d'éphémérides.

« La première vue du lac et des préparatifs qui avaient été faits pour nous y recevoir nous procura une très agréable surprise. Les terres étaient fort élevées au-dessus de l'eau, du côté par lequel nous arrivions ; aussi le spectacle qui s'offrit à nos yeux, lorsque nous parvînmes au sommet de l'éminence où se terminait la route, fut-il des plus enchanteurs.

« Le lac s'étendait devant nous, reflétant les rayons incandescents du soleil qui disparaissait à l'horizon. Cette nappe d'eau me parut d'une largeur d'environ un mille, et d'une longueur équivalant au double. Une épaisse forêt croissait sur ses rives, et les arbres s'inclinaient gracieusement çà et là sur les eaux.

« Près du chemin que nous avions suivi, il y avait une certaine étendue de terrain d'une pente douce, semé de gazon qui allait en s'arrondissant jusqu'aux berges d'une petite baie.

« Les tentes se dressaient sur les bords de ce golfe en miniature, et sur les eaux du lac des myriades d'oiseaux aquatiques prenaient leurs ébats.

« Dans les bois, les cris des oiseaux et des singes, qui se réfugiaient dans les arbres de la forêt ou qui s'entr'appelaient en poussant des glapissements sauvages, s'harmonisaient parfaitement avec la nature de ce paysage indien.

« Quand la nuit fut venue, lorsque les feux eurent été allumés, les hurlements rauques des tigres éclatèrent comme le tonnerre dans ce coin du D'jungleterry, et j'avoue que j'essayai vainement de fermer les yeux.

« A l'heure où les bengalis s'éveillent, tout le monde fut debout dans notre camp. Suivant l'usage, nous étions tous costumés de blanc, afin d'être légèrement vêtus et de pouvoir braver les rigueurs tropicales de la température ; et dès que l'aurore versa dans le ciel ses teintes safranées, nous nous mîmes en chasse, armés de nos Lefaucheux, calibre 12, et portant avec nous une cinquantaine de cartouches dont quelques-unes chargées à balle en cas de danger.

« Un silence profond régnait dans ces solitudes, à peine interrompu par les cris des oiseaux aquatiques qui célébraient à leur manière le retour du soleil.

« Tout autour de nous s'étendait le territoire de chasse ; aussi les *shekarries*[1] qui nous suivaient pour emporter le gibier, après avoir frotté leurs pieds nus avec des fleurs de tulipier pour les assouplir, suivant leur coutume, se placèrent-ils de distance en distance entre nous, afin de pousser le gibier en avant.

« Quoique certains chasseurs se servent de chiens pour chasser les paons, on peut affirmer que pour la plupart du temps ces auxiliaires de l'homme sont mis de côté aux grandes

---

[1] Rabatteurs.

Indes et remplacés par les shekarries. Ceux-ci ont cet avantage sur les quadrupèdes domestiques, qu'ils portent le gibier tué, ce qui ne les empêche pas de se sauver bien vite à la moindre apparence de danger.

« A peine avions-nous fait cinquante pas, qu'un de nos shekarries poussa un cri convenu, et marqua ainsi la vue d'un paon qui avait miroité à ses regards et fuyait devant lui.

« Mon camarade de chasse eut la bonne chance d'apercevoir le premier ce magnifique oiséau, et, au moment où il s'élevait en volant, il l'atteignit avec tant de justesse, qu'il tomba pour ne plus se relever.

« Pour ceux qui n'ont jamais eu la chance assez rare, — à moins d'aller dans les Indes, — de voir un de ces oiseaux étincelants déployer devant lui ses ailes et sa queue, aucune description ne peut donner une idée de cet admirable spectacle ; le miroitement, le chatoiement de ces plumes irrisées, nacrées et dorées produit sur la vue de celui qui est témoin de cet épanouissement vivace une sensation nerveuse qui, fort souvent, le fait se presser si bien, qu'il frappe à côté de l'oiseau : le coup est manqué, et le paon achève son vol, lequel heureusement n'est jamais très éloigné.

« Seulement, quand l'oiseau a été levé et manqué de la sorte, il se blottit sous un buisson impénétrable, et il devient fort difficile de le faire relever.

« Un chasseur qui veut ne point abîmer la robe diamantée de « l'oiseau de Junon » doit avoir soin de bien faire égoutter la plaie produite par le plomb, de façon que le sang ne tache pas les plumes. Cela fait, on suspend l'oiseau par les pattes à un bâton, après avoir eu soin de lier la queue avec des écorces d'arbre, et le shekarrie l'emporte ballant sur ses épaules.

« A mon tour, j'épaulai mon fusil et fis coup double sur le paon et la paonne qui partaient devant moi à deux mètres de distance.

« Au moment où je venais de brûler ainsi mes cartouches et où, le canon de mon fusil vide, je m'avançais vers mes victimes, un cri rauque se fit entendre !

« — C'est un *burra bagh!* » s'écrie le shekarrie qui m'accompagnait, et, sans songer le moins du monde à rester près de moi pour me défendre et combattre en ma compagnie, il s'enfuit au plus vite et grimpe sur une roche d'où il pouvait dominer la situation, loin de tout danger.

« Je l'avouerai sans rougir, j'eus peur, surtout lorsque j'aperçus un énorme tigre traversant la plaine par bonds et traçant dans l'air une immense ellipse à chaque saut.

« J'avais rechargé à la hâte l'arme que je serrais dans mes mains, et m'étais instinctivement placé derrière un buisson de nopals qui croissaient au pied de la roche sur laquelle se tenait mon shekarrie.

« Le monstre s'avançait vers nous : il s'arrêta enfin à cent pas du rideau de verdure qui me cachait à sa vue ; mais il avait aperçu l'Indien, et c'est à lui qu'il en voulait. La peau de ce splendide animal rayonnait au soleil comme un manteau de brocart vénitien strié de bandes de velours noir; ses quatre pattes tendues en raccourci se balançaient sur leurs jointures; sa queue horizontale ondulait comme celle d'un serpent, et la rude peau de son muffle, retirée vers les yeux par une contraction furieuse, laissait à découvert ses dents d'ivoire aiguisées comme des stylets.

« Ma carabine s'abattit en ce moment, et je fis feu.

« Le tigre poussa un cri rauque, se dressa sur ses pattes de derrière, et de celles de devant saisit son muffle qu'il secoua vivement, comme s'il eût voulu en arracher la balle qui venait de l'atteindre.

« Cela fait, il s'étendit à plat ventre et rampa comme un serpent en frottant avec rage son muffle contre le gazon.

« Au moment où il se relevait enfin d'un bond désespéré, je pressai la seconde détente de mon arme et l'étendis raide mort, les quatre pattes en l'air.

« Le monstre avait vécu, et mon shekarrie appela ses autres camarades, qui vinrent alors nous rejoindre, en s'avançant toutefois avec mille précautions.

« La bête mesurait trois mètres de la naissance du museau

à la pointe de la queue. C'était un burra bagh de la plus énorme taille.

« Mon ami et moi nous avions éprouvé trop d'émotions ce jour-là pour continuer notre chasse aux paons : nous hélâmes nos serviteurs-rabatteurs, et quand ils nous eurent rejoints nous retournâmes au campement du lac, emportant avec nous le tigre et les paons que nous avions tués.

« J'ai, depuis ce jour-là, recommencé plusieurs fois à chasser les paons dans les djungles des grandes Indes; mais jamais je n'ai eu la malchance de me retrouver ainsi face à face avec un burra bagh. »

IV

CHASSE DU GUÉPARD AUX GAZELLES

En se promenant au jardin d'acclimatation, — où l'amateur de chasse et d'histoire naturelle peut faire de si nombreuses études, sur tant d'oiseaux et d'animaux divers, —
on s'arrêtait avec plaisir, avant 1870, dans les écuries de la
ferme, devant ce félin paresseusement couché dans sa vaste
cage, que les savants appellent *guepardus jubatus*[1], et que
nous nommons tout simplement, nous autres, un guépard.
Hélas ! ce quadrupède est mort avant le déménagement de la
guerre ! Pauvre guépard ! Très élégant de formes, c'était le
même que celui à qui les Anglais ont donné le nom de *chetah, youze* ou *hunting leopard* (le léopard chasseur). Originaire de l'Asie et de l'Afrique, on ne trouve le guépard à
l'état sauvage que dans certaines contrées de ces deux parties
du monde.

Le guépard est de la taille d'un énorme léopard, et cela
tient particulièrement au développement des côtes, qui sont
très allongées ; cette bizarrerie de construction en fait un ani-

---

[1] Les habitants des Indes orientales appellent aussi le guépard *fadl ;* c'est
le même animal qu'Appien a décrit sous la qualification de *pardalis,* et que
les Grecs nomment *cynailure,* de αἴλουρος, chien, et κύων, chat. Dès les
temps anciens, ce félin avait été employé à la chasse et « domestiqué » par
l'homme pour servir à ses besoins.

mal plus fort en apparence qu'il ne l'est réellement. La tête du guépard est très petite si on la compare à sa taille, et ses membres frêles en regard de ceux du léopard.

La qualification de *jubatus*, donnée par les naturalistes au guépard, signifie que cet animal a été orné par la nature d'une sorte de collier en forme de favoris, qui s'étend des deux côtés, en dessous de l'oreille, jusqu'au milieu du cou. Pour achever cette physionomie descriptive du guépard, je dirai, pour ceux qui ne l'ont pas encore vu, que sa robe est composée de poils d'un aspect fauve clair à la pointe, et blanc à la racine; qu'une multitude de petites taches noires d'une admirable régularité « saupoudrent » son corps et le commencement de sa queue, laquelle, vers la dernière moitié, est couverte de bandes noires espacées à égale distance.

Un mot maintenant relatif à l'assimilation du guépard au léopard. Si c'est à cause des mouchetures qui couvrent son corps que les naturalistes l'ont placé à côté. de ce dernier félin, rien de mieux; mais certes la structure du guépard, ses ongles qui ne sont qu'en partie rétractiles et dont la pointe est émoussée comme celle des chiens sauvages, sont des indices certains de la différence marquée entre ces deux animaux.

Un guépard ne peut point, comme un léopard, grimper sur un arbre; et, à le considérer avec attention, on comprend qu'il est l'intermédiaire entre l'espèce féline et l'espèce canine. S'il court aussi facilement qu'un chat, il lui est impossible de déchirer sa proie avec ses ongles.

L'existence entière du guépard est consacrée à la chasse. Il est le chasseur quadrupède par excellence, et les Persans réclament pour un de leurs rois l'honneur d'avoir le premier dressé un guépard à chasser de compte à demi pour l'homme. Chaleb, fils de Wolid, au dire d'Eldemiri, conçut l'idée de substituer un guépard, pour la chasse du lion et du tigre, au chien, qu'on employait dans les Indes depuis la plus haute antiquité.

De nos jours, à Surate, au Malabar, dans toute l'étendue

de la Perse on élève ces animaux pour la chasse, et, à peu d'exceptions près, ils sont presque tous bons à remplir l'office d'auxiliaires de l'homme.

C'est par la ruse, et non point par l'agilité, que le guépard réussit à terrasser sa victime. L'animal se cache, attend sa proie, se jette sur elle, et, les crocs implantés dans le cou de la gazelle, il serre l'étau de ses griffes, se laissant emporter par la pauvre bête ainsi surprise, jusqu'à ce qu'elle tombe pour ne plus se relever.

Les antilopes, les cerfs, les gazelles qui peuplent les jungles et les déserts de l'Afrique ou de l'Asie, servent de point de mire aux guépards. Couchés à plat ventre sur la branche maîtresse d'un arbre, ou aplatis derrière un monticule, ils attendent le passage d'une harde, et, quand les animaux passent devant eux, choisissant une tête du bétail sauvage, ils s'élancent, terrassent l'antilope ou la gazelle, et, sans prêter la moindre attention à un danger qui pourrait les menacer eux-mêmes, ils sucent le sang qui s'échappe de la plaie formée par leurs terribles mâchoires, et cela jusqu'à ce que le sang ne coule plus.

L'observation a amené l'homme à mettre à profit ces habitudes sanguinaires ; et c'est de l'Orient, comme je l'ai déjà dit, que nous vient l'animal chasseur. Il y a plusieurs manières de se servir du guépard. Dans l'Inde, en Perse, on le place, les yeux bandés, dans une sorte de cage portée en palanquin, et dès que les chasseurs aperçoivent *la* ou *les* gazelles, ils se hâtent de tourner la tête du félin du côté de la harde des ruminants et de lui enlever le bandeau qui couvre ses yeux.

Le guépard s'élance alors de sa cage, sans oublier ses instincts cauteleux ; il s'avance en rampant du côté du gibier convoité, et, parvenu à portée, se rue sur l'un des ruminants et se cramponne sur son dos des dents et des pieds.

Les chasseurs ont attendu ce moment ; et, se hâtant d'accourir, ils lui présentent soit un caillot de sang, soit une friandise qu'il préfère à la chair, — un cou de poulet, par exemple, — et aussitôt le guépard cède la proie qu'il a conquise. On profite de ce calme pour bander de nouveau les yeux du guépard et le réintégrer dans sa cage, d'où il ne sortira de nouveau que si l'on rencontre une autre bande de cerfs ou d'antilopes.

J'ai dit que le guépard était également répandu dans l'Afrique, — on ne le trouve que dans le Sénégal et dans la contrée du cap de Bonne-Espérance, — et pourtant les habitants des pays connus de ce vaste continent, au lieu d'employer le félin chasseur pour se procurer du gibier, le laissent libre de se livrer tout seul à ses instincts carnassiers.

Le guépard, qu'on se le dise, est d'un naturel très doux et fort susceptible de domestication. Dans certains *bengalous* de l'Inde ou de la Perse, cet animal erre sous les vérandas de l'habitation, comme le ferait un bon chat angora ou un chien fidèle.

J'ai eu une fois l'occasion de caresser un guépard tenu en cage par un officier de l'armée du schah, d'origine française, qui avait rapporté le félin de Téhéran. La gentille bête se laissait gratter tout comme un bon chat eût pu le faire. Nous étions les meilleurs amis du monde, et une confiance réciproque se glissait entre nous deux. Tout à coup arrive un enfant terrible, une houssine à la main ; il lève la cravache et en frappe Gito, — c'est ainsi que s'appelait le *chetah*. — A cette attaque aussi inattendue que peu méritée, le guépard se lève, bondit et cherche à rompre les barreaux de sa cage pour se précipiter sur le petit drôle, qui se sauva en toute hâte.

La colère de l'animal, — très juste d'ailleurs, — ne put être apaisée qu'après une heure de paroles doucereuses de ma part ; mais jamais, ni ce jour-là ni les autres, Gito ne se laissa plus caresser. J'ai toujours cru qu'il s'était imaginé que le coup de cravache provenait de ma main traîtresse, et pourtant j'étais aussi innocent que l'enfant, — pas celui dont j'ai parlé plus haut, — qui vient d'ouvrir les yeux à la lumière.

Dans certaines provinces de nos possessions africaines, sur les confins du Tell, on emploie le guépard à la poursuite des gazelles, et voici comment procèdent les chasseurs :

Montés sur d'excellents coursiers arabes, ils placent l'animal enchaîné, et les yeux bandés, devant eux ou derrière, *ad libitum*, et les voilà lancés en quête de gibier.

Dès qu'ils ont aperçu la harde de gazelles, les chasseurs désenchaînent le guépard et lui tournent la tête du côté des fuyards. Si la harde n'a point encore aperçu les chasseurs, et qu'elle reste immobile, le guépard, se laissant glisser à terre, passe derrière les buissons et les rochers, s'arrêtant et se couchant à plat ventre lorsqu'il craint d'être aperçu, et ne reprenant sa marche insidieuse que quand il comprend que ses victimes futures ne se doutent pas encore de sa présence.

Tout à coup l'animal se dresse comme mû par un ressort d'acier, et, calculant la distance, en cinq ou six bonds prodigieux, et d'une rapidité vertigineuse, il atteint une gazelle ou une antilope, l'étreint et l'étrangle, et se met immédiatement à sucer le sang.

Les chasseurs sont arrivés sur ces entrefaites ; ils adressent à l'animal des paroles flatteuses, lui jettent un morceau de viande, et, lui remettant son bandeau, le replacent en croupe pour continuer la chasse.

Dans le cas où les gazelles fuient de toute la vitesse de leurs pieds rapides, les cavaliers enfoncent les éperons dans les flancs de leurs chevaux et cherchent à gagner du terrain. Parvenus à une distance de trente à quarante pas de la harde, ils décoiffent l'animal, qui bondit à plusieurs reprises et atteint le but désiré.

Il arrive cependant que le guépard manque quelquefois son coup, quelque ruse qu'il ait employée, quelle que soit son adresse. Alors il s'arrête et semble tout penaud, honteux de sa mésaventure. Il est urgent dans ce cas de le caresser, de lui remonter le moral, en un mot ; car si l'on n'employait pas ce moyen, il serait incapable de recommencer à chasser, pour ce jour-là du moins.

Dans le Mogol, les riches propriétaires chasseurs ont tous des guépards dans leurs chenils. Un de ces animaux bien dressé, ayant les qualités requises pour obtenir une réputation méritée, se vend des sommes énormes.

Les Persans, au lieu de poursuivre le gibier avec le guépard en croupe, se portent, au contraire, avec cet animal dans un passage fréquenté par le gibier, tandis que d'autres vont faire le rabat, et attendent que les cerfs, les gazelles ou autres quadrupèdes traversent ou suivent le sentier le long duquel ils se sont placés.

« L'empereur Léopold Iᵉʳ, » rapporte M. Boitard dans son *Dictionnaire universel,* « possédait deux guépards « aussi privés que des chiens. Lorsqu'il allait à la chasse, « un de ces animaux montait sur la croupe de son che- « val, et l'autre derrière la selle de l'un de ses courtisans. « Dès qu'une pièce de gibier paraissait, les deux gue- « pards s'élançaient, la surprenaient, l'étranglaient et re- « venaient tranquillement, sans être rappelés, prendre leur « place sur le cheval de l'empereur et celui de son cour- « tisan. »

Le guépard, — comme je l'ai dit, — peut être facilement apprivoisé, quoique doué d'un instinct féroce. Il y avait autrefois dans la ménagerie du jardin des Plantes un guépard en liberté dans un parc, d'où il ne cherchait pas à sortir. Ce gentil animal obéissait comme un *toutou* au gardien qui avait soin de lui, et se plaisait dans la compagnie des chiens, avec lesquels il jouait sans jamais leur faire aucun mal.

Certain jour, il aperçut parmi les visiteurs un négrillon qui avait fait avec lui la traversée du Sénégal au Havre sur le même navire. Nul ne saurait exprimer la joie qu'é- prouva le prisonnier quadrupède. S'avançant vers les bar- reaux de son parc, il fit au petit moricaud autant de fête qu'en aurait pu faire un chien à son maître, après une longue séparation. C'était un tableau touchant qui fut vive- ment apprécié par tous ceux qui assistaient à cette scène inattendue.

Lorsque le négrillon voulut s'en aller et s'en alla, le guépard se mit à gémir, se coucha dans sa paille et manifesta
pendant toute la nuit une grande inquiétude. On assure même
que l'absence de son bien-aimé moricaud le rendit malade,
et qu'il mourut des suites de ce chagrin.

On comprend facilement que M. Geoffroy Saint-Hilaire eût
acquis un guépard pour le jardin d'acclimatation, et l'on regrette qu'il l'ait perdu.

Si l'on eût pu propager l'espèce, cet animal eût été un
agréable auxiliaire dans la chasse à courre, et fût devenu
pour les amateurs français la cause d'un sport nouveau.

V

CHASSE AUX KANGUROOS

De tous les animaux de la création, les *marsupiaux* sont ceux à qui la nature semble avoir donné le moins d'intelligence. On sait qu'ils ne reconnaissent même pas le gardien qui depuis longues années fournit tous les jours aux soins de leur nourriture. Aucun d'eux n'est sensible aux caresses qu'on lui donne. Quant à leur voix, elle consiste en une sorte de grognement qui est souvent à peine perceptible; cela provient de la façon dont le larynx du kanguroo est façonné, laquelle empêche toute émission de voix.

Les kanguroos sont originaires de la Nouvelle-Hollande et de la terre de Van-Diemen, et comme « Dieu sait bien ce qu'il fait, sans en chercher la preuve », il est bon de remarquer que nul autre animal ne pourrait être mieux adapté aux nécessités de ce pays frappé de sécheresse pendant les trois quarts de l'année. On sait que les marsupiaux n'ont pas besoin de boire aussi souvent que les autres animaux. Une goutte d'eau leur suffit, et la plus prochaine mare peut être éloignée de quinze à vingt kilomètres ; un kanguroo, son nourrisson dans sa poche, franchira cette distance sans sourciller.

Le seul danger pour l'existence du ou des kanguroos, c'est

lorsqu'il est ou qu'ils sont forcés de transporter à la gueule leurs jeunes pendant une longue distance, dans un pays aride. Leurs forces s'épuisent bientôt ; ils se voient forcés d'abandonner leurs petits et de mourir à côté de leurs cadavres, qu'ils n'abandonnent pas.

La chair du kanguroo, — au dire des voyageurs, — est très estimée, particulièrement par les Bushmen, autrement dit les indigènes de la Nouvelle-Hollande. On reproche cependant à cette viande d'être maigre, ce qui n'empêche pas que l'on peut faire un excellent potage avec la queue d'un kanguroo.

Un voyageur dont j'ai compulsé les notes cynégétiques affirme que des languettes de chair de kanguroo recueillies par-ci par-là sur le corps d'un de ces animaux dans les parties les plus grasses, enfilées ensuite à une baguette de bois sec, comme on le ferait d'une brochette de rognons, sont un manger exquis, lorsqu'on les fait rôtir sur la braise et qu'on a... bon appétit. Ce même voyageur conseille encore un ragoût de kanguroo à l'étuvée, composé de cette chair et d'une partie de porc frais. Mais il faut pour réussir ce plat être un excellent cuisinier.

J'arrive maintenant à la chasse des kanguroos. Les colons et les aborigènes de la Nouvelle-Hollande se donnent souvent le plaisir d'une battue aux marsupiaux.

Pour la réaliser, il suffit de découvrir la piste d'une harde et de l'entourer. — Il faut pour cela se trouver en grand nombre, resserrer peu à peu le cercle jusqu'à ce qu'on puisse tuer ces animaux à coups de lance ou de bâton. Ceci est la chasse des Bushmen.

Les moyens employés par les colons sont tout autres. Ceux-ci se livrent à la chasse aux kanguroos en les forçant à la course, grâce à la vitesse de leurs chevaux et à l'aide de chiens bien dressés. Ces chiens sont généralement des *fox hounds*.

Le récit suivant est emprunté au *Notes' Book* d'un colon de Botany-Bay.

« Après une longue journée de recherches, nous rencon-

trâmes enfin , vers trois heures de l'après-midi , un kanguroo
de l'espèce appelée *coureurs rouges,* dont la hauteur était
d'environ un mètre vingt-cinq centimètres. Le pays découvert
offrait pour seuls obstacles quelques troncs d'arbres renversés
et des roches couvertes de mousses.

« Le kanguroo paissait sur un terrain plan où croissaient
des herbes très hautes, et nos chevaux lui mirent presque le
pied sur la queue. Au moment où il prit la fuite, on eût pu
croire que c'était une biche qui s'élançait devant nous. C'est
à peine si les pieds de devant touchaient le sol; tous ses
soubresauts s'opéraient à l'aide des pattes de derrière et de
la queue. Quelques cris de *tayaut!* amenèrent les chiens sur
la voie, et deux des bêtes de notre meute suivirent de si près
l'animal, que nous pûmes croire être à la veille d'assister à un
prochain hallali.

« Le kanguroo gravissait un monticule, et, dès qu'il eut
atteint le sommet, il s'élança en avant avec une telle vélocité, que toute la meute se trouva rapidement distancée. Si,
à la montée, le kanguroo ne se sert pas de ses pattes de devant, il n'en est pas de même à la descente, où elles lui
servent de point d'appui après avoir exécuté des sauts formidables.

« Quelque « innocent » que soit le kanguroo, il n'est pas
si facile qu'on pourrait le croire de s'en rendre maître. Le
voici au milieu d'un trou rempli d'eau; il se tient debout à
l'aide de sa queue, et si les chiens sautent sur lui, il leur fait
faire le plongeon et cherche à les noyer en les enfonçant
dans l'eau à l'aide de ses pattes de derrière, qui sont faites
en forme de main et qui retiennent le chien par la peau du
cou.

« Si c'est sur terre que le kanguroo fait tête aux chiens,
il se défend comme un désespéré. Chacune de ses pattes de
derrière est armée d'un ongle aussi tranchant que le boutoir
d'un sanglier ; malheur au chien qui se risque à sa portée.
Dans le cas où la bête s'empare de son ennemi avec ses pattes
de devant, elle ne tarde pas à lui labourer les flancs et à le
mettre à mort avec ces mêmes armes tranchantes.

Kangaroos.

« L'homme lui-même ne peut pas se risquer sans témérité à attaquer un kanguroo.

« Un jour, raconte mon collaborateur de la Nouvelle-Hollande, un marsupiau de forte taille avait occis un de mes deux chiens fidèles, qui se débattait devant lui dans les convulsions de l'agonie. Je m'imaginai qu'avec deux ou trois coups de bâton j'allais porter bas cet animal. Je n'avais pas songé à la pourriture et au travail intérieur des fourmis blanches, qui rongent tout dans le territoire australien. Le bâton que je laissai tomber sur la tête de mon kanguroo se brisa en mille atomes, et au même instant je me trouvai renversé entre les pattes de devant du terrible animal, qui s'escrimait de son mieux pour me déchirer le corps. Le second chien qui restait près de moi, couvert de blessures, tout ensanglanté, n'avait pas la moindre envie d'accourir à la rescousse, et restait paisible spectateur du combat.

« J'avais beau me débattre, il m'était impossible d'échapper aux étreintes de l'animal; mes forces s'en allaient peu à peu. Le sang coulait sur mon visage et obscurcissait mes yeux. J'allais succomber sous les embrassements de la bête, poussée au paroxysme de la rage, qui cherchait à déchirer avec ses ongles ma poitrine et mes jambes, heureusement protégées par un vêtement de toile rude, que l'on nomme un *jumper* à la Nouvelle-Hollande.

« Il ne me restait plus qu'un moyen de salut, celui d'atteindre une branche d'arbre que j'apercevais à un mètre de mes bras, et de m'enlever pour éviter cet ennemi *quintupède* (y compris sa queue, bien entendu). Au moment où je parvenais à ce but désiré, deux coups de feu retentirent non loin de moi, et le kanguroo, abandonnant sa victime, détendit ses ressorts musculeux et roula inanimé par terre.

« Les heureux coups de carabine auxquels je devais la vie avaient été tirés par mon frère et un de nos amis, qui m'avaient pris tout d'abord pour le kanguroo, et avaient cependant, avant de tirer, compris leur méprise. J'en fus quitte pour la peur.

« A cette heure, aguerri comme je le suis à cette chasse,

il ne m'arriverait plus certainement d'être assez fou pour attaquer un de ces animaux avec un bâton, fussé-je même certain qu'il est du bois le plus dur. »

Depuis que les aborigènes, au contact des colons, ont abandonné la chasse sur laquelle ils se reposaient pour vivre, et, s'étant rapprochés des villes, se sont mis à la solde des blancs ; depuis que les singes ont été détruits en grande partie, les kanguroos, n'étant plus chassés, ont multiplié de telle sorte, depuis quelques années, dans certains cantons de la Nouvelle-Hollande, qu'il a paru nécessaire de prendre de grands moyens pour en diminuer le nombre.

C'est pour cela qu'à l'exemple de ce qui se pratique dans l'Afrique australe on a recours à la chasse des palissades. On entoure un espace de terrain de deux à trois acres à l'aide de palissades d'une élévation de quatre mètres environ. L'entrée de cette enceinte est ouverte et peut se fermer par de grandes portes à claire-voie roulant sur leurs gonds. Des deux côtés de ces entrées, placés sur des plates-formes et cachés derrière des branchages, sont deux hommes préposés à l'ouverture et à la fermeture des haies.

A l'extrémité de l'enclos dont je viens de parler, dans la partie intérieure, s'ouvre un autre enclos, plus petit et tout hérissé de branches d'arbres piquants, dont la communication avec le premier est pratiquée de la même façon que la grande enceinte, c'est-à-dire à l'aide d'une porte fermée et ouverte à volonté.

Les chasseurs rabatteurs lancent les hardes de kanguroos dans la direction du grand enclos, où l'on cherche à les enfermer tout d'abord. Une fois là dedans, on les pousse dans la seconde enceinte, où le massacre commence.

Une battue du genre de celle dont il est question a eu lieu en décembre dernier à Caramutt-Station. Les chasseurs se composaient de gens du pays auxquels s'étaient joints ceux de Gum et de Mac-Arltsur. Il y avait là réunis soixante-dix-neuf chasseurs, qui, dès huit heures du matin, commencèrent à pousser devant eux les kanguroos. A onze heures beaucoup de dames à cheval étaient parvenues au lieu du rendez-vous, l'entrée du grand enclos, et la chasse commença.

Les chasseurs, pénétrant dans l'enceinte , s'efforcèrent de pousser les kanguroos vers l'entrée du petit parc ; mais les marsupiaux avaient flairé le danger et voulaient éviter la mort. Aussi les chasseurs eurent-ils grand'peine, tout en employant leurs fouets et en agitant leurs mouchoirs afin d'effrayer ces animaux, à les empêcher de se disperser deci delà. Une centaine parvinrent à s'échapper, non sans quelques horions qui en blessèrent quelques-uns très grièvement.

Ce fut là un des actes les plus intéressants de la chasse : les sauts grotesques des kanguroos, la course folle des chasseurs qui cherchaient à arrêter les fuyards, les chutes des cavaliers dans les fondrières au milieu de la boue, la terreur des jeunes kanguroos sortant des poches maternelles et se cachant dans les trous et les buissons, tout offrait un spectacle des plus attachants.

A la fin, les chasseurs se glissèrent dans la seconde enceinte, où à coups de massue ils réduisirent bien vite de vie à néant tous les pauvres animaux prisonniers entre les palissades.

Il y eut trois grandes battues de ce genre faites à Caramutt-Station et dans les environs, et l'on compta 4,000 morts quand la compagnie des chasseurs se sépara. Les habitants de la Nouvelle-Hollande assurent que deux kanguroos mangent autant que trois moutons : c'est à cause de cela que leur destruction est décrétée.

VI

PÊCHE DES PHOQUES

Traverser les grandes prairies du Far-West sans assister à un *buffalo hunt* serait un crime de lèse-chasse. De même, voyager dans la Norwège sans avoir pris part à une pêche aux phoques, cet amphibie dont les habitants tirent leur subsistance, paraîtrait un oubli impardonnable. Dans ces *fiords* de la mer du Nord, de la Norwège, la moisson c'est le phoque.

Cet animal bizarre constitue la base de l'alimentation du Norwégien, qui se nourrit de sa chair, se chauffe et s'éclaire de son huile extraite du lard, fabrique du fil avec ses boyaux, calfeutre ses fenêtres à l'aide de sa vessie, qui sert également à confectionner des chemises, des rideaux, des tentes et des ballons fixés aux harpons et aux engins de pêche.

Les os remplacent souvent le fer et forment la pointe de ces harpons et des flèches de chasse.

La pêche la plus en usage sur les côtes glacées du Groënland est celle du harpon. Dès que l'amphibie, contraint de venir de temps à autre respirer à la surface de l'eau, est

aperçu par un pêcheur, celui-ci, se penchant sur son bate-
let de façon à cacher sa figure, s'avance jusqu'à une tren-
taine de mètres, saisit son javelot de la main gauche et le
lance avec force.

Si le harpon a porté juste, le fer se détache de la lance
et dévide la ligne roulée en spirale devant le pêcheur étendu
dans sa pirogue. La vessie qui termine la ligne est aussitôt
jetée à l'eau, et le phoque touché plonge avec une extrême
rapidité. En un ou deux tours de pagaie, le Norwégien atteint et ramasse le harpon qui flotte. Il arrive souvent que
l'animal entraîne avec lui la vessie; mais, forcé de respirer,
il reparaît à la surface, et on le retrouve bientôt. C'est en ce
moment que le pêcheur s'avance, fait à l'animal une large
blessure et l'achève à coups de javelot.

A peine l'animal est-il mort, que le vainqueur bouche
ses plaies avec des tampons de bois, afin d'empêcher la
déperdition de sang ; il le gonfle ensuite en soufflant
entre la chair et la peau, et l'amène à la gauche de son
kayak.

La pêche du phoque n'est pas sans dangers pour celui qui
la pratique, et souvent la corde, en se dévidant, s'enroule
autour du bras ou même autour du cou du Norwégien. Le
phoque, se débattant contre la mort, s'est jeté du côté
opposé de l'embarcation, qu'il entraîne et qu'il fait chavirer.
L'homme est souvent asphyxié et noyé avant d'avoir pu se
dégager.

D'autres fois, quand le pêcheur, croyant l'amphibie mort,
s'approche de lui pour s'en emparer, celui-ci le happe au
bras ou au visage, et le mord cruellement. Ces animaux
sont particulièrement dangereux lorsqu'ils ont des jeunes à
défendre ; ils se jettent, dans ces occasions, sur la frêle embarcation des Norwégiens et la déchirent à belles dents. Or,
comme le kayak s'emplit facilement, il va nécessairement
au fond de la mer, en entraînant le pêcheur fixé par la
ceinture aux peaux qui forment l'entrée de cet esquif singulier.

En automne, quand les phoques se réunissent en groupes

dans les *fiords*, les naturels s'assemblent en nombre pour les acculer contre la rive et les tuer à coups de lance. Sur la rive, lorsque les animaux y cherchent un refuge, ils sont assaillis à coups de pierres par les femmes et les enfants, puis les hommes les achèvent à l'aide de leurs fers.

La capture des phoques en hiver se pratique d'une façon spéciale. Le Norwégien fait des trous dans la glace afin que le pauvre animal puisse venir respirer l'air extérieur, nécessaire à son existence. Dès qu'un de ces amphibies s'est montré, le chasseur pousse un cri imitant celui du phoque. En un instant, à peu d'exceptions près, il est mort.

La pêche à la baleine devient de plus en plus impossible dans les mers du Nord, faute de cétacés : c'est à peine si on peut s'y livrer encore du côté de l'île de Disco.

Lorsque, par un hasard tout à fait particulier, les indigènes aperçoivent un de ces monstres et se préparent à lui donner la chasse, ils revêtent leurs plus beaux habits : hommes et femmes font toilette, par une exception rare. Ils ont grand soin, par-dessus toutes choses, de revêtir des hardes qui n'ont eu aucun contact avec un cadavre ; car la baleine leur échapperait infailliblement, — pensent-ils dans leur superstition, — fût-elle toute pénétrée de lances et de harpons.

Dès que les Norwégiens se sont emparés d'une baleine, après l'avoir harponnée, épuisée et criblée de coups de lance, ils la traînent à la côte et la dépècent, le corps étant encore dans l'eau. Toute la peuplade prend sa part de la curée, les pêcheurs à qui appartient la prise aussi bien que ceux qui n'ont fait qu'assister à la pêche du rivage. Tous, hommes, femmes, vieillards et enfants, se procurent le plus gros morceau possible et se régalent avec, tant que la moindre parcelle de chair adhère aux os du cétacé. C'est là un triste ragoût ; mais les Norwégiens, par bonheur pour eux, n'ont pas le palais très difficile.

Montés sur des kayaks, sortes de bateaux légers, les pêcheurs-chasseurs s'aventurent dans un des *fiords* qui se trouvent sur ces côtes, où les baies, les rades sans fond,

calmes et silencieuses, sont encerclées dans une ceinture de
rochers granitiques d'une aridité sans pareille.

Les rames de ces pêcheurs reluisent comme de l'or au soleil et produisent le moins de bruit possible ; car rien n'est
plus indispensable que le silence pour arriver à bonne fin.
C'est à peine si le bruit cadencé est perceptible.

Du regard, les Norwégiens fouillent les méandres de la
côte. Rien ne se montre, si ce n'est quelques goélands qui
voltigent çà et là en poussant des cris plaintifs.

Tout à coup un objet noir a point à l'horizon. Les pêcheurs
se dispersent et prennent un rang de bataille en se posant à
cent mètres les uns des autres, de façon à former un demi-
cercle dont les deux extrémités prendront bientôt la direction
du rivage.

Ce point noir, c'est un phoque : s'il se montre une fois
encore, sa mort est certaine. Le cercle des kayaks se res-
serre de plus en plus. Deux d'entre les pêcheurs poussent
avec rapidité en avant, et filent comme si leur barque descendait une pente glacée. Le premier devance son camarade, et on le voit se pencher sur son embarcation fra-
gile comme un Arabe sur son coursier, quand il sonde du
regard les recoins de l'horizon. Le Norwégien épie le
phoque. Soudain, se rejetant en arrière, le bras tendu, il
lance le harpon qu'il tient dans sa main, et l'instrument
part comme une balle, dévidant après lui la ligne qui y est
attachée.

Percé de part en part, le phoque plonge, et l'on n'aperçoit bientôt plus que la vessie, qui reste forcément à la surface de l'eau. Une tache d'eau rougie marque la place où
l'animal a été frappé.

Quelques instants après il reparaît à la surface : la victime
semble implorer la pitié en ouvrant ses grands yeux ronds et
limpides. Vaine requête ; le Norwégien, impitoyable, n'entend pas de cette oreille-là, et en quelques secondes la bête
est achevée à coups de rame, de lance et même à coups de
poing.

Le phoque est hissé entre deux kayaks réunis ensemble

et amarré par deux courroies passées sous les nageoires ; ensuite on le laisse dans l'eau, et le pêcheur qui a eu l'adresse de l'atteindre se charge de le traîner à la remorque.

Le coup porté aux phoques avec le harpon par les Norwégiens est généralement très habilement dirigé. La blessure ressemble à celle qu'eût pu produire une balle de fusil ; mais la balle eût causé la mort du poisson-animal sans profit pour le chasseur, tandis qu'à l'aide du harpon et de la ligne le phoque est toujours facile à retrouver.

L'adresse des habitants de la mer du Nord est telle, qu'avec leurs javelots ils parviennent à tuer des goélands et des mouettes au vol.

C'est à n'y pas croire, à moins de l'avoir vu.

VII

CHASSE AUX OURS BLANCS

L'ours blanc des régions polaires est sans contredit le plus grand des animaux de la même espèce, y compris les ours de l'Amérique, ours gris et ours bruns, le roi des montagnes Rocheuses.

Cette bête féroce se retire dans des cavernes de glace, et sa nourriture consiste en poissons, en veaux marins et... en hommes, lorsque l'occasion se présente de se procurer de la chair fraîche.

Ces jours derniers, l'humouristique Cham publiait dans le *Charivari* un croquis représentant une sarabande d'ours blancs se gaudissant à la nouvelle de l'expédition au pôle nord annoncée pour le printemps prochain. Si le fait n'est pas *vrai*, du moins est-il bien *inventé*.

De tous les animaux amphibies de la création, l'ours blanc est le plus habile nageur; et comme sur le territoire qu'il habite il ne trouve que quelques lièvres, des oiseaux de mer et des lichens, il fait la concurrence aux Esquimaux pour la chasse aux phoques et aux lions de mer.

Du reste, qu'on ne s'imagine pas que les habitants des régions boréales se laissent toujours ainsi « faire la nique » par les géants quadrupèdes à fourrures blanches ; ils trouvent l'occasion, de temps à autre, d'occire un ours blanc, et je vais bientôt raconter la façon dont ils s'y prennent pour mettre à mort ces féroces voisins.

L'ours polaire, dont la fourrure blanche est une des plus belles descentes de lit qui aient jamais orné la chambre d'un château, mesure d'ordinaire de deux et demi à trois mètres du bout du museau à la naissance de la queue, qui est d'ailleurs fort courte.

En un mot, l'aspect de cette bête féroce est aussi terrible que celui du pays dans lequel on la trouve.

Quelle horrible région, quelle terre désolée que celle où ne croissent ni verdure ni aucune feuille, et dont la seule végétation consiste en de maigres lichens rampant humblement le long des roches noires ! Un hiver impitoyable, éternel, règne dans cette partie du globe couvert en toute saison d'une neige glacée, où les pics d'eau cristallisée, balancés par la brise sur une mer transparente, bravent les ardeurs du soleil, qui sont si faibles que leurs masses gigantesques n'en ressentent pas même l'atteinte.

Et cependant, sur cette neige, au milieu de ces glaces, se trouvent en bonne santé des hommes et des animaux : les uns, à qui la civilisation est inconnue ou peu s'en faut, traînent une existence misérable, mangeant en guise de salade des lichens des rochers, suçant la neige pour se désaltérer, savourant comme un nectar l'huile des poissons et des amphibies, et se nourrissant de la graisse et de la chair de ces proies difficiles à conquérir. Difficiles pour eux surtout ; car, sous le 70me ou le 80mo degré de latitude, les seules armes dont se servent les Esquimaux sont des harpons et des lances façonnés d'une manière très primitive, et à l'aide desquels on manque le but dix fois pour une, si ce n'est davantage.

La méthode de chasser les ours pratiquée par les indigènes est invariablement la même. L'un d'eux, le corps enfoui dans un kayak, où ses jambes sont tellement engagées qu'elles semblent ne former qu'un tout avec l'embarcation, vocifère, gesticule, s'ingéniant à attirer sur lui l'attention de l'ours, qui se tient sur le continent glacé, afin de fournir à son compagnon l'occasion de l'atteindre dans une partie vitale dès qu'il cherchera à se jeter à l'eau.

Les Européens des pays civilisés ne s'y prennent pas de la même façon pour arriver au même but.

Chasse aux ours blancs.

Je cède la parole à un de mes amis, vieux loup de mer, qui a fait maintes fois des excursions au pays boréal, pour décrire ici une des chasses dont il fut le héros.

« Un jour, après une course inutile sur la glace à la recherche des ours et des morses, nous étions rentrés à bord de notre navire *l'Aréthuse,* et nous étions couchés, après le repas, sous un tas de couvertures et de peaux.

« A peine étions-nous endormis, que l'homme de garde sur le pont vint nous avertir qu'il apercevait trois « lapins blancs » errant sur un îlot de glace, à une très petite distance du bord.

« Quoique nous fussions harassés de fatigue, quel que fût

le sommeil qui appesantissait nos paupières, nous ne voulûmes pas manquer une aussi belle occasion ; car nous savions bien, eu égard à notre expérience de chasseurs, que ce genre de gibier n'abondait pas particulièrement dans les parages où nous hivernions.

« Le veilleur, qui avait observé les mouvements des trois animaux à l'aide d'une lunette d'approche [1], nous apprit qu'il y avait là une mère et ses deux oursons, et qu'à son avis les trois carnassiers se rendaient à un certain endroit où nous avions laissé, huit jours auparavant, le cadavre de l'un des leurs mis à mort par nous, et dont nous avions la peau en magasin.

« Il nous fallait faire un détour de plusieurs milles le long du rivage ; et quand cette distance eut été franchie, nous aperçûmes les trois animaux reposant sur la glace. Notre plan de campagne fut bien vite fait : tandis que mon camarade s'avançait à droite afin d'empêcher la mère et ses «jouvenceaux» de fuir vers les montagnes, moi je me glissais dans l'embarcation qui nous avait amenés jusqu'au détour d'un cap, afin de tenir la mer et d'empêcher les ours de s'y réfugier.

« Ce qui fut dit fut fait : lorsque les « lapins blancs » nous aperçurent, nous n'étions plus qu'à deux cents mètres d'eux.

« La mère se tenait debout sur ses pattes et son train de derrière : on eût dit qu'elle se disposait à danser ; mais la véritable intention de l'animal était de nous bien voir, afin de comprendre le danger : aussi, dès qu'elle eut bien regardé, elle se mit à détaler avec ses deux jeunes sur la surface glacée.

« Mon camarade, quoique très habitué à la course, restait fort en arrière en les poursuivant ; aussi crut-il nécessaire de monter dans mon embarcation, et tous deux nous fîmes force de rames afin de ne pas perdre de vue les carnassiers.

[1] On se souviendra que dans les climats boréens les nuits sont aussi claires que le jour.

« Les trois bêtes avaient de l'avance sur nous ; nous les vîmes se jeter dans une espèce de marécage formé d'une boue verdâtre dans laquelle ils pataugeaient comme des canards. L'ours mère paraissait très mal à l'aise, dans la crainte que ses petits ne se noyassent dans une des tourbières qui se trouvaient à chaque pas. Elle s'arrêtait de temps à autre quand il fallait franchir une crevasse ouverte dans la glace et formant un trou profond ; elle prêtait alors les pattes à ses deux « enfançons » pour remonter le long d'une pente trop inclinée ; ce qui n'empêchait pas les deux créatures de paraître harassées de fatigue et de très] mauvaise humeur contre leur mère, qui les faisait passer par un aussi vilain chemin.

« Notre embarcation, après mille détours dans ces méandres formés par les crevasses ouvertes dans la glace, se trouvait dans une espèce de crique dont le fond de vase était recouvert d'environ cinquante centimètres d'eau.

« Nous gagnions du terrain sur les ours, et nous allions nous trouver à portée, lorsque tout à coup notre bateau toucha, et il fut impossible d'avancer davantage.

« La chance semblait tourner en faveur des ours ; car il nous paraissait impossible de les atteindre, ces animaux se trouvant à deux cents mètres de là. Quoi qu'il en fût, mon compagnon, à tout hasard, fit feu avec sa carabine ; et quelle ne fut pas sa joie en entendant la mère ourse pousser un cri terrible : elle était atteinte à la croupe assez sérieusement, puisque nous eûmes tout le temps de courir, clopin clopant, jusqu'à l'endroit où gisait le monstre marin, qui fut achevé, par mon ami et moi, en moins de temps que je ne mets à l'écrire.

« Les deux jeunes oursons, la fourrure noircie par la boue, et frissonnant de peur, s'étaient jetés sur le corps de leur mère et la défendaient contre nous ; si bien qu'il eût été imprudent de chercher à les arracher de là.

« Nous crûmes donc prudent de héler les hommes du navire, qui arrivèrent bientôt à la rescousse dans une autre embarcation, et qui, à l'aide de cordages, parvinrent à prendre au *lazo* les deux oursons, que l'on accoupla ensemble, comme on l'eût fait d'une paire de chiens courants.

« Ces deux jeunes étaient de la taille de gros chiens de berger, et à peine se sentirent-ils enchaînés, qu'ils se mirent à se débattre et à se battre entre eux, se roulant dans la boue, hurlant, et se mordant jusqu'à ce qu'enfin ils tombèrent épuisés.

« Il n'y a pas le moindre doute que la pauvre mère ne se fût sacrifiée pour défendre ses oursons; car si elle eût voulu échapper à notre poursuite, rien ne lui eût été plus facile. Croirait-on, — et le fait est exact, — que, quand nous procédâmes au dépouillement de l'animal, les deux jeunes, qui avaient fait la paix entre eux, se ruèrent sur les entrailles toutes chaudes de leur mère et firent un horrible repas avec le sang et la chair de celle à qui ils devaient le jour?

« Lorsque l'opération de l'écorchement fut finie, les deux oursons s'installèrent sur la peau de leur mère et refusèrent de s'éloigner ; aussi fûmes-nous forcés de traîner ces méchantes bêtes en tirant après nous la peau, qui leur servait de traîneau sur la neige, et nous parvînmes ainsi jusqu'au bateau, dans lequel nos hommes de bord les amarrèrent sous le banc d'arrière.

« Ce ne fut pas toutefois sans batailler avec eux et sans recevoir quelques coups de dents que l'on en était venu à bout.

« Enfin on les hissa à bord de l'*Aréthuse,* et le charpentier fabriqua à leur intention une cage dans laquelle nous cherchâmes à les introduire.

« Il y eut encore là une victoire à remporter, et elle fut chèrement disputée. On eût cru que ces jeunes animaux comprenaient qu'ils disaient pour toujours adieu aux brises et aux blocs de glace des mers du Spitzberg. »

J'ajouterai, en terminant cet article, que les ours blancs ne sont plus aussi nombreux qu'autrefois dans les mers polaires. Pendant tout l'été de 1865 à 1866, deux chasseurs déterminés, M. Lamont et lord Kennedy, n'ont vu que onze ours, dont trois seulement tombèrent sous leurs coups.

L'un de ces trois ours, — un géant de l'espèce, — mesurait trois mètres vingt-cinq centimètres de longueur et un mètre cinquante centimètres de hauteur. La peau seule de l'animal pesait cent livres, et le cadavre douze cents. On tira quatre cents livres de graisse de cet ours, un des plus beaux qui aient jamais été mis à mort par un chasseur du Nord.

VIII

CHASSE AUX CONDORS

Il y a deux siècles, le nom de condor n'éveillait dans l'esprit que des idées parfaitement indécises, et représentait à la pensée un oiseau légendaire, quelque chose de géant, d'énorme, d'impossible , comme le sont le kraken , les serpents de mer. Quelques voyageurs avaient décrit cet oiseau comme ayant des ailes d'une longueur de vingt pieds, des serres si puissantes, qu'il pouvait enlever un bœuf de la plaine sur la montagne.

Buffon lui-même s'était laissé séduire par les attraits du merveilleux, et avait composé son condor de traits empruntés aux plus gros oiseaux de la création. Des récits plus exacts tracés par des voyageurs à l'imagination calme , au sentiment véridique, ont fait justice de ces fables, et le condor a perdu ses proportions colossales, tout en demeurant dans la famille des carnassiers à plumes le roi par la force et par la stature.

Le condor, classé parmi les vautours, présente, quand il a les ailes entièrement déployées, une envergure qui varie de deux mètres à trois ; sa longueur est d'un mètre, et sa grosseur surpasse celle de tous les autres oiseaux de proie.

Sa tête et une partie de son cou sont nues ; comme chez les autres vautours, une peau rugueuse, de couleur violacée, formant une crête sur le sommet de la tête, flasque et sillonnée de rides profondes sous le cou, le long duquel elle retombe, couvre la face de ce géant des airs, laquelle est dépourvue de toute espèce de plumes. Quelques touffes d'un poil rare très court, d'une teinte rougeâtre, se montrent çà et là sur les joues et le derrière de la tête. Cette partie aride et nue, d'apparence désagréable, et qui semble parfaitement disposée pour fouiller les cadavres, est nettement terminée par un collier attaché en bourrelet au-dessous du cou, collier formé d'un duvet épais, soyeux et d'une blancheur de neige, d'autant plus éclatante qu'elle contraste entièrement avec le plumage du reste du corps, dont la teinte est uniformément d'un beau noir bleuâtre, excepté cependant aux ailes, où certaines plumes sont d'une teinte gris-perle. Le bec du condor, droit, robuste et crochu à l'extrémité de la mandibule supérieure, est noirâtre à sa base et jaune dans le reste de sa longueur. Les ongles, longs d'un pouce, sont recourbés et noirs ; enfin l'œil, gris et irisé, d'une forme ovale, est environné de cils.

Ces proportions, ces formes et ces couleurs sont celles d'un condor qui a atteint son entier développement. Lorsque ces oiseaux sont jeunes, avant de prendre le plumage de l'adolescence, ils sont recouverts d'un duvet très long, très fin, cotonneux et blanchâtre, qui double presque leur grosseur apparente ; mais leur première couverture est brune et ne devient noire qu'à la seconde mue.

Comme chez la plupart des oiseaux, la femelle ne ressemble point au mâle. Si d'une part elle est plus grosse, de l'autre elle est privée de la crête, et les couvertures des ailes sont brunâtres.

La contenance de ces oiseaux est loin d'avoir la fierté de l'aigle ; leur tête renfrognée et grave leur donne un air sombre et triste, et leur corps n'offre à la vue qu'une masse épaisse, courbée sous de grandes ailes entr'ouvertes et à demi pendantes.

Mais, lorsque ces ailes sont déployées, les condors regagnent par l'élégance de leur vol tout ce que la nature leur a refusé dans l'attitude du repos. On voit alors les condors planer avec noblesse et majesté dans l'espace immense, s'élevant bien plus haut que la cime des pics les plus escarpés des grandes Cordillères qui traversent l'Amérique du Sud dans toute sa longueur, depuis l'isthme de Panama jusqu'au cap Horn.

Rien n'est plus majestueux qu'un condor qui se balance dans l'espace sur ses ailes, et le voyageur se plaît à contempler cette masse emplumée qui justifie jusqu'à un certain point l'axiome : plus lourd que l'air.

Les condors ne descendent guère dans les plaines que lorsque la nourriture leur manque sur les montagnes. Ce n'est donc qu'accidentellement qu'ils s'abaissent au-dessous des points où finissent les neiges qui couronnent les Andes, c'est-à-dire pour chasser; car, bien qu'ils se nourrissent de cadavres et de charognes, comme les autres vautours, ils ne dédaignent pas quelquefois de s'attaquer à de jeunes animaux incapables de se défendre et dont ils viennent facilement à bout. C'est même ce seul motif qui engage les Chiliens et les Péruviens à leur déclarer la guerre pour se débarrasser de ces déprédateurs audacieux. Lorsqu'il est pressé par la faim, le condor abaisse son vol et vient se mettre en observation sur une pointe de rocher suspendue au milieu des plaines. De là, par une puissance étonnante du regard, il parcourt les étages inférieurs de la montagne et les vastes prairies, et cherche une proie à dévorer. Quelquefois, dans les moments de disette, les condors se rassemblent pour attaquer en commun de plus gros quadrupèdes, des bœufs, des chevaux qui, pour se défendre, n'ont qu'un seul moyen, celui de fuir. Mais les condors les ont vite atteints, et à coups de bec, à l'aide de leurs serres et des battements de leurs ailes, ils réussissent bien vite à abattre leur ou leurs victimes, qu'ils dépècent et dévorent sur place en s'en partageant les lambeaux.

Et, quelle qu'ait été la victoire cependant, le condor est très mal organisé pour l'attaque des animaux en vie. Ses

Le condor.

pattes, quoique assez grosses, ne lui permettent pas de déchirer facilement la chair dure et encore palpitante, et ses griffes, plutôt droites que courbes, ne se terminent pas en pointes aiguës et crochues comme celles des faucons et de tous les oiseaux de proie.

La raison de ce vice de construction, à ce point de vue, c'est que la Providence a donné pour mission aux condors et aux vautours, à la famille desquels les condors appartiennent, de déblayer le sol de toutes les immondices cadavériques dont la corruption pourrait engendrer des émanations pestilentielles, et vicier l'air de façon à porter atteinte à la santé de l'homme et des quadrupèdes.

C'est par ce motif que les vautours de l'espèce *cathartes, urubu,* sont protégés par les habitants de plusieurs villes de l'Amérique, et entre autres ceux de Lima, et se tiennent gravement sur les toits des maisons, attendant qu'on jette dans la rue quelques immondices qu'ils se hâtent de dévorer sur place, sans s'inquiéter de l'approche des passants et du mouvement des voitures. Ces vautours ont acquis cette grande familiarité grâce à la protection, déjà très ancienne, qui leur est accordée par les ordonnances de police condamnant à une très forte amende quiconque ose les maltraiter.

On raconte, — mais je ne saurais affirmer le fait, n'en ayant pas été témoin pendant mon séjour au Chili, — que les condors se réunissent quelquefois en bandes et agissent de concert, lorsqu'ils aperçoivent des moutons paissant dans la plaine; qu'ils s'abattent à quelque distance du troupeau, se distribuent des postes de manière à former une ligne circulaire; puis ils marchent en sautillant et en battant à grand bruit l'air de leurs ailes. Les moutons effrayés se pressent, se rapprochent les uns des autres; lorsqu'ils forment une masse qui ne peut plus ni se mouvoir, ni fuir, ni se défendre, les condors s'élèvent, se rabattent immédiatement, et un affreux carnage commence alors, qui se termine par la mort certaine de tout le troupeau.

Les préjudices que les condors font éprouver tous les ans dans les grandes *haciendas* du Chili, du Pérou et de toute la ligne des Cordillères sont tels, que les propriétaires leur ont déclaré une guerre à outrance. C'est même un des exercices favoris des peuples qui habitent au pied des Cordillères. Rien n'est plus facile que de tuer ces oiseaux à coups de fusil chargé de chevrotines ; mais de cette façon on ne détruit qu'un seul individu, et encore faut-il pouvoir arriver jusqu'à lui, ce qui est assez difficile ; les *hacienderos* préfèrent donc attaquer les déprédateurs de leurs propriétés en masse, afin d'en détruire le plus grand nombre possible.

Dans ce but ils emploient divers moyens que nous allons expliquer ici.

Connaissant la grande difficulté que les condors ont pour prendre leur vol, sans avoir couru pendant une vingtaine de pas, surtout lorsqu'ils se sont repus, les chasseurs de l'Amérique du Sud se sont imaginé d'entourer d'une clôture, dans un endroit solitaire et loin des habitations, un petit espace de terrain à l'aide de troncs d'arbres et de rameaux, et en ne laissant qu'une porte d'entrée ou de sortie. Dans cette enceinte on dépose le cadavre d'un cheval destiné à servir d'amorce.

Bientôt, grâce à la vue perçante des condors et à leur prodigieux odorat, on voit arriver ces oiseaux en grand nombre. Suivant leur coutume, ils se dirigent vers l'animal mort en décrivant dans leur vol et à de très grandes hauteurs des cercles qui diminuent peu à peu en forme de spirale. Les premiers venus vont se percher sur les rochers voisins pour observer les environs, et finissent par s'approcher de la clôture, mais toujours avec une certaine crainte et une véritable méfiance, ce qui désespérerait le plus patient chasseur. Après mille tours et détours, les oiseaux de proie se décident à franchir la palissade par la porte réservée, et, fondant sur le cadavre, ils s'empressent de satisfaire leur voracité, jetant après chaque coup de bec un regard observateur autour d'eux.

Plusieurs autres condors viennent ensuite à leur tour prendre leur part de cette curée, et c'est seulement lorsque le nombre est assez grand, lorsque les condors, gorgés de

viande, alourdis, titubants, peuvent à peine se mouvoir, que
des hommes, cachés dans les broussailles des environs, se
dirigent en courant dans cette enceinte, et les tuent à peu
près tous avec les gros bâtons dont ils sont armés, ou bien
s'en emparent avec des lazos.

Telle est la manière dont les chasseurs détruisent au Chili
ces grands oiseaux de rapine, et non, comme dit Molina,
en se couvrant d'une peau d'animal de manière à les tromper
et à les attirer assez près pour pouvoir les attraper par les
pattes. Cette chasse est non seulement très utile, mais encore
elle sert d'amusement aux paysans des Cordillères; aussi un
grand nombre d'entre eux se font-ils un plaisir de montrer
leur adresse avec leur fameux lazo, à l'aide duquel ils parviennent très souvent à attraper des oiseaux au vol, tant ils
sont habiles à lancer ce nœud coulant. C'est du reste avec le
même lazo qu'ils s'emparent des animaux domestiques dispersés en toute liberté dans les vastes champs des haciendas
américaines.

Une autre méthode pour chasser le condor est l'empoi-
sonnement : elle rappelle la manière dont les enfants dans
nos campagnes prennent les corbeaux au moyen de la noix
vomique. On renferme dans le corps de l'animal exposé pour
appât des substances vénéneuses, grâce auxquelles le condor
tombe dans une inertie léthargique; et pendant ce sommeil
on peut s'emparer de lui sans qu'il soit même besoin de recourir au lazo.

IX

PÊCHE AUX BONITES

Je quittai la Nouvelle-Orléans à bord d'un navire qui se rendait à la Havane, où mes affaires m'appelaient. Un de ces *steams* remorqueurs, chargé de nous entraîner hors des bouches du Mississipi, nous laissa à deux milles du fort Balise, sur une mer plus unie que les prairies de l'Oppelouzas. Nos voiles étaient bien déployées, si vous voulez; mais elles restaient détendues le long du mât, inertes, sans animation. Notre navire ressemblait fort à une baleine flottant à la merci des courants.

La température était brûlante, le ciel sans nuage, et ce calme dura pendant une semaine entière. Les matelots se démenaient de la plus belle façon, levant le nez en l'air, afin de sentir la première impression du vent, si elle se manifestait. Rien n'y faisait. Éole et Neptune s'étaient ligués ensemble pour mettre notre patience à l'épreuve, et nous laisser toute faculté de nous ennuyer ou de nous amuser.

Nous amuser! Et comment? Parbleu, en pêchant et en fusillant les oiseaux de mer.

En pêchant, rien n'était plus facile. Des troupes de superbes bonites glissaient dans les eaux de notre navire; et leur dos, étincelant comme de l'or bruni, ressemblait à s'y méprendre à l'apparition d'un météore.

Le capitaine et ses « jacks » montraient une grande habileté à prendre ces énormes scombres, soit à la ligne, soit au harpon à cinq pointes, dont ils se servaient tous avec la plus grande habileté.

Lorsque la bonite a été saisie par le harpon, elle se débat avec la plus violente énergie et s'élance avec impétuosité jusqu'à ce qu'elle soit retenue par la corde que le marin a enroulée autour de son poignet. Se sentant arrêtée, elle saute alors, en se tenant debout, à plusieurs mètres au-dessus de la surface de la mer, et c'est à ce moment-là qu'elle réussit souvent à se détacher et à reconquérir sa liberté.

Lorsque la bonite est bien prise, le pêcheur, s'il est habile, doit lui laisser faire toutes ses évolutions de façon qu'elle s'épuise et qu'il soit alors facile de s'en emparer. D'autres prétendent qu'il faut hisser sur-le-champ une bonite sur le pont; tel n'est pas le cas, car le plus souvent elles parviennent, à force de secousses, à se débarrasser de leur harpon.

Les bonites s'avancent par troupes de cinq à huit individus : on dirait une meute de chiens aquatiques poursuivant un gibier, ou bien encore un *pack* de coyotes du désert chassant pour trouver à apaiser leur faim dévorante.

Les bonites chassent d'ordinaire les poissons volants.

Faute de trouver cette ressource, elles ne dédaignent point la perche marine, celle qui s'attache au gouvernail des vaisseaux.

Les poissons volants leur échappent d'abord, grâce à la rapidité de leur vol; mais, s'ils voient de nouveau les bonites nager dans leurs eaux, ils s'élancent, déploient leurs ailes, et, semblables à une volée de perdrix effarouchée, par le chasseur, ils se dispersent dans toutes les directions en ligne droite, ou bien en zigzag. Puis, à bout de forces, ils retombent à l'eau et plongent instantanément. C'est alors que la bonite, qui n'a pas perdu de vue sa proie convoitée, ainsi que le ferait un lévrier, bondit de plusieurs pieds et rejoint enfin quelque malheureux retardataire, qu'elle saisit et avale sans le mâcher.

Un fait caractéristique des mœurs de la bonite, c'est son amitié pour son congénère. L'une d'elles est-elle prise à l'hameçon ou au harpon, aussitôt les autres s'approchent et l'entourent, jusqu'au moment où elle est hissée sur le pont du vaisseau. Dès que le poisson a disparu à leur vue, celles qui ont échappé au piège s'éloignent et refusent de mordre aux appâts, quelque friands qu'ils soient. Ce fait-là ne se présente pourtant que chez les vieilles bonites. Les jeunes, bien au contraire, restent sous l'avant du vaisseau, et continuent à mordre, comme si de rien n'était; bien mieux, elles cherchent à voir, en sautant, ce qu'est devenu leur camarade.

L'homme n'est pas le seul ennemi des bonites, et souvent, au moment où celles-ci sautillent autour d'un morceau de plomb à hameçon orné de quelques plumes qui lui donnent l'aspect d'un poisson volant, un horrible *balacouda* (le bécune de Cuvier, le plus dangereux des squales) s'élance sur elles, et les coupe par la moitié. Si la bonite est prise par le pêcheur, celui-ci se voit contraint de partager avec le requin affamé.

Les scombres que nous prîmes dans le golfe du Mexique passaient pour avoir la chair vénéneuse. Le maître *cook* du navire, un splendide Yolof africain, se servait d'un moyen connu pour découvrir la vérité. Il glissait dans la friture ou dans le court-bouillon un dollar en argent, et si le poisson n'avait pas fait noircir l'argent au moment où il était cuit, il se croyait autorisé à *servir chaud,* en déclarant qu'il n'y avait pas de danger.

Certain matin la chaleur était étouffante, et j'étais mollement étendu dans un hamac placé sous la dunette du navire, lorsque tout à coup, jetant les yeux sur la mer, j'aperçus une troupe immense de bonites s'ébattant, comme des écoliers en vacances, sur la plaine liquide. Un matelot, qui se trouvait près de moi et à qui je montrai ce spectacle émou-

vant pour un pêcheur-chasseur, m'affirma que c'était signe
de vent, et, qui plus est, d'un bon vent.

Dans l'espace d'une heure, nous eûmes bientôt pris sept
poissons, et « le combat finit faute de combattants », c'est-
à-dire que les scombres descendirent dans les profondeurs
de l'eau dès qu'ils eurent vu disparaître ces sept camarades.

Quoi qu'en eussent dit les *tars* du navire, le vent ne
souffla en aucune façon et le désespoir régnait à bord.
J'eusse subi la même impression décourageante, si je n'eusse
senti tout à coup une terrible secousse donnée à la ligne que
je tenais encore à la main. C'était une bonite qui, sans se
montrer, était venue mordre à l'appât dont mon hameçon
était amorcé. Lorsqu'elle eut été hissée à bord, non sans
peine, je m'aperçus que jamais on n'en avait pris d'aussi
grosse. C'était réellement un admirable poisson. Tandis qu'il
expirait sur le pont, sa queue frappait les planches avec une
régularité telle qu'on eût pu croire qu'il battait du tambour.
Les couleurs irisées de l'arc-en-ciel se montraient sur son
corps, et je me plaisais à admirer ce caméléon marin offrant
successivement à la vue des transitions du vert au bleu, de
l'argent à l'or ou au cuivre bruni. Dès qu'il ne bougea plus,
toute cette fantasmagorie de couleurs cessa, et la peau devint
terne comme celle d'un cadavre.

L'appât le plus usité pour la pêche des bonites est une
tranche de chair de requin. Ces poissons préfèrent cet appât
réel à celui qui figure un poisson volant, qu'ils ne peuvent
saisir d'ailleurs que lorsque le navire est en panne et qu'on
le tient à la surface de l'eau.

Il est vrai qu'à certain moment, lorsqu'elle est pressée
par la faim, la bonite se jette sur tout ce qu'elle trouve, à
ce point que j'en ai vu prendre à l'aide d'un simple chiffon
d'étoffe blanche accroché à l'hameçon.

Semblables aux vautours et aux condors, les bonites sont
tellement goulues, qu'elles se *gavent* au point de devenir
une proie facile pour leur ennemi toutes les fois qu'elles en
trouvent l'occasion.

Nous en eûmes l'exemple, certain jour, en ouvrant le ventre d'une bonite qui avait été *piquée* le long du bord, et dans l'estomac de laquelle on trouva trente-sept poissons volants disposés côte à côte, tous la queue par en bas, empilés comme des harengs dans une caque. Chacun de ces poissons mesurait six à sept pouces. Cette disposition de l'œsophage fait supposer que les bonites avalent généralement leur proie en commençant par la queue.

La longueur ordinaire des bonites capturées dans le golfe du Mexique est d'environ trois pieds à quatre pieds deux pouces, et leur poids varie de quinze à dix-huit livres.

Ces poissons sont très minces, eu égard à leur longueur.

J'ai vu prendre quelques-uns de ces scombres dans les eaux basses, à l'aide d'une seine.

La chair de la bonite est ferme et blanche; lorsqu'elle est cuite, cette chair est feuilletée comme celle du merlan.

Quelque bon goût qu'elle ait pour des voyageurs qui mangent des provisions salées et recherchent autant que possible, et toutes les fois que l'occasion s'en présente, des vivres frais, si le *cook* du navire en sert sur la table du bord plusieurs jours de suite, les passagers ne tardent pas à se plaindre de cet ordinaire peu varié.

N'en est-il pas ainsi des meilleures choses du monde?

X

CHASSE AUX BÉCASSES EN AMÉRIQUE

Le morceau le plus choisi, le plus fin, le plus savoureux parmi tous les gibiers de l'Amérique du Nord, c'est la bécasse, un oiseau gras et dodu, prisé par tous les chasseurs gourmets de ce vaste continent.

Le *woodcock* (coq des bois) des États-Unis est plus petit que son congénère d'Europe et diffère même du *scolopax rusticola* par son plumage. Tandis que les plumes qui recouvrent le croupion des bécasses d'Europe forment des lignes noires zigzaguées assez sombres avec un fond d'un jaune blanchâtre, on ne remarque sur celles d'Amérique qu'une teinte d'un rouge ferrugineux éclatant à cette partie du corps.

Le poids d'une belle bécasse mâle est de 200 à 250 grammes, tandis que la femelle en pèse généralement 300.

Comme les bécasses d'Europe, celles des États-Unis émigrent à certaines époques. Si la première arrive en France d'octobre à novembre, pour remonter vers le nord en mars, les secondes, qui pendant l'hiver sont descendues vers la Louisiane et les États du Sud, retournent vers le nord en avril et s'éparpillent, pour nicher, jusque vers les rives du Saint-Laurent. Le froid, suivant l'usage, chasse ces oiseaux des Alleghanys, où ils se plaisent particulièrement, jusqu'aux régions tempérées, où la neige ne se montre jamais.

Les bécasses nichent dans les forêts marécageuses des États du nord de l'Amérique, depuis février quelquefois jusqu'en avril, et le berceau dans lequel elles déposent les quatre ou cinq œufs, objets de toute leur sollicitude, est formé de brindilles de bois, de feuilles de gramen arrondies et de mousse sèche.

Dès que la famille est éclose, dès que les petits peuvent vermiller, le père et la mère les conduisent le long des mares, afin de les « instruire »; puis chaque individu se sépare et vit par couple.

Les bécasses sont très nombreuses dans les *swamps* et les *marshes* américains, et quand vient le jour solennel du 4 juillet, anniversaire de l'indépendance de la république fondée par Washington, on rencontre de tous côtés les *sportsmen* du pays accompagnés de leurs chiens, choupillant deci delà, et célébrant ainsi la fête nationale. Si dans les villes on tire des pétards et l'on allume des feux d'artifice, dans les campagnes on fait également parler la poudre. N'est-ce pas encore un moyen de manifester sa joie?

La campagne contre les bécasses est toujours fructueuse partout où se trouvent les marécages. Un matin, dans les bois de Tarry-Town, sur les bords de l'Hudson, un de mes amis et moi nous avons en deux heures épuisé nos poudrières et nos sacs à plomb, ensachant les unes sur les autres dans nos gibecières, lui quarante-cinq bécasses, et moi cinquante et une. Il va sans dire que nous en avions manqué le double.

Donc, comme je le disais plus haut, la chasse est ouverte le 4 juillet aux États-Unis, et elle ferme le 15 avril. Malheur à celui qui est surpris chassant en temps prohibé! Le premier venu, un simple paysan, vous déclare un procès-verbal et vous fait condamner par les autorités compétentes à une amende de cinq dollars pour chaque oiseau découvert dans votre sac. Je fus, certain jour, arrêté par un bûcheron à quelques lieues de New-York, et comme j'avais onze bécasses dans mes poches, on me traîna à Hastings chez le juge, qui me condamna à une amende de 275 francs, amende qu'il m'eût fallu payer si je n'avais excipé de ma qualité d'étranger peu au fait des lois et règlements du pays. Le magistrat agréa mes excuses, et j'en fus quitte pour la confiscation de mon gibier, qui forma le fond, — comme je l'ai su plus tard, — d'un succulent pâté dont quelques gourmands firent l'autopsie sans me prévenir.

La plus belle chasse aux bécasses à laquelle j'aie jamais assisté de l'autre côté de l'Océan, eut lieu chez un fermier de New-Jersey qui habitait sur la lisière d'un ancien défrichement abandonné par les premiers *settlers,* sans doute à cause de la trop grande abondance des sources qui rendaient le sol détrempé et peu propice à l'agriculture. Qu'on s'imagine un fouillis inextricable de souches, de branches d'arbres, de troncs, de lianes et d'herbages entrelacés ensemble et formant berceaux à la hauteur du cou d'un homme. Le terrain est glissant, et quelquefois la botte enfonce dans un bourbier. Çà et là des chênes debout encore, des mélèzes, des pins, dressent leurs cônes majestueux ; une odeur pestilentielle s'échappe du *morass* à mesure que vos pas soulèvent des miasmes délétères.

C'était sur cette propriété inculte que M. Davidson nous avait engagés à chasser, Franck Herbert et moi. Herbert, plus connu sous le nom de Forrester, est l'auteur de plusieurs livres d'histoire naturelle américaine très renommés, et de plus il joignait à la théorie une pratique sans pareille. Jamais je n'ai vu chasseur plus adroit et plus intrépide. Il fallait être l'un et l'autre pour franchir ces mille obstacles qui entravaient le passage ; mais aussi à chaque pas les chiens arrêtaient, une ou deux bécasses prenaient leur vol, et à peu d'exceptions près Herbert faisait coup double.

Déjà, à deux reprises, je m'étais laissé choir, et mon vêtement de toile était maculé d'une boue noirâtre qui me faisait ressembler au moricaud notre porte-carnier, lorsque tout d'un coup quatre bécasses faisant gerbe prennent leur vol entre mon camarade et moi. Je fais feu de mes deux coups, et ne tue qu'un seul oiseau; Herbert vise au croisé, occit deux bécasses de sa première cartouche et abat la quatrième avec sa seconde. Trois fois le même jour, mon frère en saint Hubert se permit de me donner cette leçon. Quant à moi, je me contentais de tuer des bécasses isolées, et à la fin de la journée je pouvais étaler trente-neuf oiseaux sur la table du fermier, tandis que mon Nemrod littéraire portait à son avoir quatre-vingt-douze « scolopax ».

Dans la Louisiane, on fait aux bécasses, pendant les mois d'hiver, une chasse assez curieuse pour être décrite ici. C'est la chasse au feu, à laquelle on procède de la façon suivante : les bécasses ne sortant pas de toute la journée des canniers où elles se remisent, les *sportsmen* attendent la nuit; c'est le moment où les oiseaux vont vermiller le long des cours d'eau et sur les bords du marécage. On laisse les chiens au logis : ils sont inutiles pour ce genre de chasse, et l'on n'emmène avec soi qu'un bon nègre portant une poêle à rôtir des marrons que l'on fixe sur une perche d'une douzaine de pieds, et que l'on emplit de pommes de pin, de bois résineux et autres combustibles, de façon à produire une flamme brillante.

A peine le brasier est-il enflammé, que le nègre s'avance, suivi à quelques mètres par le ou les chasseurs, qui marchent tantôt à sa droite, tantôt à sa gauche, cherchant des yeux sur le sol la bécasse rusée, ouvrant ses yeux ronds et brillants sur cette lumière qui l'étonne au suprême degré. C'est au moment où l'oiseau se lève et bondit en volant vers le brasier que le chasseur vise et lâche la détente. Ce moment, c'est une seconde à ne pas laisser échapper; car, à peine envolée, la bécasse disparaît dans l'obscurité. On la tire à dix pas, et, — cela se comprend sans commentaire, — le chasseur doit avoir soin de charger à peine son fusil, pour ne pas couper en deux la bécasse.

J'ai connu une dame de Bâton-Rouge qui se plaisait fort à

cette sorte de chasse sur sa propriété de *Gold Meadows* (les prairies dorées); elle tuait, bon an, mal an, de cinq à six cents bécasses à elle seule. Jamais grâce, adresse, esprit et amabilité ne se trouvèrent mieux réunis que dans la personne de cette Diane chasseresse.

XI

L'AIRE DE L'AIGLE

Un jour, au milieu des montagnes Alleghanys, qui s'étendent
sur le territoire de la Pensylvanie, j'étais parvenu, non loin
du *Laurel Ridge* (chaîne des lauriers) et du *Chesnut Ridge*
(chaîne des châtaigniers), sur un vaste plateau boisé, où
j'étais allé chasser les ours, les panthères et les opossums,
qui abondent dans cette partie de l'État qui porte le nom de
William Penn.

Je me trouvais en compagnie d'un bon et féal camarade,
Franck Herbert (auteur de deux volumes américains sur la
chasse du pays), et après une matinée fort laborieuse, qui
avait eu pour résultat la mort d'un ourson, d'un cerf et de
quatre opossums, nous nous reposions à l'abri d'une roche
qui dominait un admirable point de vue d'où l'on apercevait
la vallée de la Susquehanna, qui se perdait dans un horizon
de brume.

C'était au mois de février 1843; les rafales de l'hiver sif-
flaient autour de nous, et la rigueur du froid avait quelque
peu glacé dans ma poitrine cet intérêt profond qui m'est
inspiré d'ordinaire par l'aspect d'un site agreste, bien fait
pour rappeler à l'homme la puissance du Créateur.

Je restais là étendu, sans énergie, auprès de Franck Herbert, laissant même éteindre ma pipe, faute d'aspirer à temps le tabac enflammé dans le kummer dont je me servais en voyage.

Tout à coup, au moment où nous y songions le moins Herbert et moi, une ombre géante passa au-dessus de nos têtes ; nous levâmes les yeux simultanément comme si la chose eût été convenue, nous poussâmes un cri accompagné de ces mots :

« Un aigle ! un lammergeyer. »

En effet, c'était un de ces oiseaux énormes, un congénère de celui qui a été pris pour emblème par les Américains et par le grand Washington, fondateur de leur république.

« Halloa ! s'écria Herbert, c'est là un oiseau des plus rares, quoi qu'on en dise, et c'est le seul que j'aie vu depuis que je suis au monde. »

Au même instant, mon camarade et moi nous étions sur pied, et nous examinions attentivement l'oiseau qui planait au-dessus de nos têtes. Lorsque cet admirable spécimen de l'ornithologie américaine eut disparu à nos yeux, Herbert se retourna de mon côté en me disant :

« Le brigand, le pirate des airs ! il nous aura suivis pour ramasser les entrailles de l'ours et du cerf que nous avons vidés là, derrière le rocher. Je parierais qu'il a tout dévoré, sans que nous nous doutions le moins du monde qu'il était si près, à une portée de fusil. Allons voir ! pourvu qu'il n'ait pas déchiqueté et déshonoré nos animaux. »

Nous nous acheminâmes vers l'endroit où nous avions laissé le produit de notre chasse. Herbert ne s'était pas trompé : le lammergeyer avait avalé les entrailles de l'ours et du cerf ; mieux encore, le pirate maudit avait à moitié déchiqueté un des gigots de notre ours, et s'il avait recommencé son vol, c'était tout simplement eu égard à quelque bruit insolite qui l'avait engagé à reprendre prudemment possession de son domaine habituel, l'espace.

A quelques années de là, pêchant des écrevisses dans le Green River, au centre du Kentucky, non loin de sa jonction avec l'Ohio, je me tenais sur une de ces roches émergeant de l'eau, et formant écueil, contre lesquelles le torrent se brisait en mille paillettes liquides.

Sur ce rocher, j'aperçus une quantité d'excréments blanchâtres, et à mon retour à Shark Manor, où je me trouvais au nombre des invités de M. Mac-Dowell, je fis part à mon hôte de la remarque que j'avais faite.

Celui-ci me répliqua aussitôt que ces fientes devaient provenir du nid d'un aigle de la plus grande espèce, qui se trouvait placé à la cime d'une des montagnes, un pic escarpé, inaccessible, dont la cime se perdait quelquefois au milieu des nuages.

« Si vous voulez voir les parents apporter la nourriture à leurs jeunes, vous n'avez qu'à vous tenir en embuscade, le soir ou le matin, et vous apercevrez l'aigle et sa femelle revenant de la chasse, le bec plein et les serres chargées, comme je les ai souvent aperçus moi-même depuis quinze jours. Seulement, ajouta Mac-Dowell, cachez-vous bien, et ne fumez pas ; sans cette précaution, les aigles ne se montreraient en aucune façon à vos yeux. »

Dès que le soleil commença à descendre à l'horizon, vers quatre heures, je m'assis environ à cent pas de la base du roc, en compagnie de deux de nos amis. Jamais attente ne me parut plus longue, car je ne pouvais contenir l'impatience de ma fiévreuse curiosité.

Deux heures s'écoulèrent fort longues, deux heures qui me parurent un siècle : aucun des vieux ne paraissait. Enfin la présence de l'un d'eux nous fut annoncée par un fort sifflement des deux petits, qui montrèrent leur tête sur le rebord du nid. Ils avaient vu venir leurs parents, et ouvraient le bec à l'avance.

Ils ne s'étaient point trompés. Le mâle arrivait le premier, tenant un lambeau de viande de cerf entre ses serres. Je distinguais parfaitement l'oiseau, tandis qu'il se tenait sur le bord du roc, laissant pendre, comme l'eût fait une hirondelle, sa queue étalée et ses ailes ouvertes en partie.

J'éprouvais *in petto* la crainte que mes compagnons ne

prononçassent le moindre mot ou ne découvrissent leur présence. Par bonheur ils comprirent mes injonctions à l'expression de mes yeux, et se mirent à regarder avec moi.

Quelques minutes après, la femelle arriva à son tour : à la différence de taille, — la femelle des oiseaux de proie est de beaucoup plus grosse que le mâle, — nous reconnûmes que c'était la mère.

Elle apportait également un lambeau de chair; mais, plus prudente que son époux, elle jeta aux alentours un regard perçant, car elle avait remarqué que sa demeure était découverte.

Au même instant cette admirable bête laissait tomber sa proie en poussant un cri rauque et menaçant; elle donnait ainsi l'alarme au mâle, et, planant avec lui au-dessus de nos têtes, ne cessait de pousser des cris de colère, comme avec l'intention de nous menacer et de nous détourner de nos desseins suspects.

Pendant ce temps-là, les jeunes s'étaient blottis dans leur trou et ne se montraient plus.

Notre expédition était terminée pour ce jour-là; nous convînmes tous, en regagnant Shark Manor, de revenir le lendemain, dans l'intention de nous emparer des vieux et des jeunes. Une journée d'orage, qui dura tout le jour suivant, nous força à remettre notre expédition.

Tandis que nous nous livrions, le troisième jour, à une partie de piquet effrénée pour tuer le temps et oublier les ennuis de la pluie à la campagne, nous entendîmes pousser des cris terribles dans le vestibule de l'habitation.

La femme de l'*overseer* de Mac-Dowell avait placé le berceau de son enfant sous un abri devant la maison de son mari, et cet enfant n'était plus là. Il n'y avait nulle trace de sang, pas l'ombre d'un désordre... Qui donc avait commis ce rapt, ce vol infâme?

On soupçonna d'abord une bande de bohémiens nègres, chanteurs, ménestrels, vagabonds des États du Sud, qui avaient passé près de nous et qu'on avait éloignés sans vouloir écouter leurs drôleries. Le père courut à leur poursuite, et revint sans avoir trouvé la moindre trace de son enfant.

Tout d'un coup un de nos amis s'écria :

« Ah! si c'était l'aigle qui eût enlevé la petite Nancy!

— Impossible! un aigle enlever un enfant!

— Pourquoi pas? ne soulèvent-ils pas des moutons dans leurs serres, puisque c'est de là qu'ils tirent leur nom de lammergeyer?

— Oui, mais c'est différent.

— Je ne crois pas, et mon avis est d'y aller au plus tôt. »

Le père de Nancy, — un Écossais qui, malgré son éloignement du pays natal, portait toujours le costume de highlander, — s'empara d'une grosse corde capable de le supporter, et, suivi de quatre solides gaillards, entreprit l'ascension du rocher réputé inaccessible, où se trouvait huchée l'aire de l'aigle.

Quant à nous, munis de bonnes carabines, nous nous chargeâmes de repousser les attaques du père et de la mère, et de les tuer au besoin, si faire se pouvait.

L'*overseer* de Mac-Dowell avait disparu au milieu des rochers. Lui et ses quatre compagnons escaladèrent avec la plus grande difficulté les roches friables, qui souvent se détachaient sous leurs pieds. A un moment donné, nous les perdîmes de vue. Puis enfin une tête parut sur le point culminant du rocher le plus élevé, et bientôt les cinq personnages se tinrent debout sur cette plate-forme.

Leur but était de laisser tomber une corde le long de la paroi du rocher. Le père de Nancy devait descendre jusqu'au nid de l'aigle et voir si son enfant se trouvait là.

Il y était en effet; nous comprîmes cela au signal que nous firent les cinq individus.

Un cri de joie poussé par le père de Nancy nous apprit en outre que la chère créature était pleine de vie, comme on le sut une heure après : l'aigle l'avait prise dans son berceau par les langes, et l'avait ainsi transportée jusqu'à son aire, où se trouvaient ses aiglons.

Je reviens aux cinq hommes qui se tenaient sur le faîte du rocher.

Sur l'ordre de l'*overseer,* on avait descendu la corde le

Nid d'aigle.

long de la palissade de pierre, et on en avait fixé l'extrémité en l'enroulant autour d'une roche saillante. Ce travail une fois terminé, l'Écossais s'était emparé du câble, et se laissait glisser d'en haut jusque vers la partie de la montagne où les aigles avaient tressé leur nid, formé de brindilles de bois et d'herbes sèches.

Deux aiglons d'une certaine taille, quoique encore très inoffensifs, se tenaient au milieu de leur berceau agreste, et la gentille Nancy tenait ses bras tendus du côté de ceux qui venaient pour la sauver. On eût dit qu'elle comprenait, l'innocente créature, quel péril elle courait, et quelle heureuse chance allait l'arracher à la mort.

Tandis que l'*overseer* descendait en se tenant des mains et des genoux, les deux aigles, qui, perdus dans l'espace éthéré, avaient aperçu la scène que je décris, arrivaient à tire-d'aile pour défendre à leur tour les deux jeunes.

L'un d'eux, — le mâle, — se chargea d'attaquer le père de Nancy, tandis que l'autre, — la femelle, — se ruait sur les compagnons de l'*overseer*.

A deux différentes reprises, ces derniers, à coups de pierres et de bâtons, repoussaient les oiseaux furieux; mais l'Écossais recevait un coup d'aile, lequel faillit l'étourdir et lui faire lâcher la corde.

Par bonheur, avant que l'aigle eût pu reprendre son élan, Mac-Dowell, qui ajustait l'oiseau avec une carabine, lâcha la détente, et nous vîmes l'oiseau pirouetter sur lui-même, et tomber en tournoyant dans un ravin, où nous le retrouvâmes plus tard. Pour ne plus parler de lui, il mesurait deux mètres soixante centimètres d'un bout de l'extrême penne à l'autre.

Restait encore la femelle, la plus dangereuse des deux. Elle avait trois fois assailli les quatre hommes, et l'un d'eux avait été éborgné d'un coup d'aile, lorsque tout à coup, au moment où elle passait à quinze mètres de l'endroit d'où nous assistions à ce spectacle émouvant, je pus viser et atteindre cette cruelle bête en pleine poitrine. Elle tomba inerte, pour ne plus se relever.

A cette détonation répondit un cri de joie, poussé par tous les gens hissés sur le haut de la montagne.

Nancy était dans les bras de son père, qui dans sa rage avait tordu le cou aux deux aiglons.

Inutile de raconter, je le pense, la joie de la pauvre jeune mère, lorsque son mari remit dans ses bras son enfant saine et sauve.

XII

CHASSE AUX PORCS-ÉPICS

Il y a quelques années, je rencontrai à Paris un jeune homme nommé de Charmay, pionnier doublé de chasseur, que j'avais un certain matin trouvé fort loin par delà Saint-Louis, au milieu d'une plaine sablonneuse conduisant de Jefferson à Indépendance, où *grouillaient* plus de serpents à sonnettes et de chiens de prairies que de bisons et de poules sauvages.

Nous nous étions liés sur ce territoire lointain du Missouri, de telle façon que l'un et l'autre, devenus inséparables, nous revînmes à New-York, bras dessus, bras dessous, et ne nous quittâmes qu'au moment où, — six mois après notre amitié cimentée, — de Charmay reprenait le chemin liquide conduisant au Havre, tandis que moi je demeurais forcément sur le sol américain, enchaîné par mes affaires.

Le jour où je rencontrai mon camarade de chasse à Paris, je l'emmenai déjeuner au pavillon d'Ermenonville, et quand nous eûmes rappelé tous nos souvenirs, lorsque nous eûmes échangé toutes les questions possibles entre gens qui ne se sont pas vus depuis bon nombre d'années, après nous être demandé mutuellement ce que nous faisions l'un et l'autre, nous nous mîmes à deviser de choses diverses, mais particulièrement de chasse; car nous ne perdions pas de vue, de Charmay et moi, notre passion favorite.

La carte était payée, le londrès allumé; je proposai à mon ami une promenade au jardin d'acclimatation, qu'il ne connaissait pas, et où il se retrouverait en présence de bon nombre d'animaux dont lui et moi nous avions si souvent tenu les pareils au bout de nos fusils.

Ce qui fut dit fut fait : nous visitâmes en détail cette ménagerie utile, où se trouvent classés et réunis tous les spécimens des quadrupèdes et oiseaux dont l'homme peut tirer parti pour ses besoins particuliers, et que M. Geoffroy Saint-Hilaire dirige avec une si grande habileté. A chaque instant je disais à de Charmay, ou bien de Charmay me disait :

« Te souviens-tu, un jour, dans la prairie du Far-West, etc.?

— Te rappelles-tu, certain soir, dans cette forêt du Kentucky, etc.? »

Bref nous faisions la « chasse à nos souvenirs », et tout en marchant nous nous reportions vers le pays lointain où nous avions passé de si bonnes heures ensemble.

Nous venions d'admirer le guépard dans l'écurie où il est renfermé, lorsqu'en sortant de cette remise et en retournant à droite nous nous trouvâmes en présence de deux porcs-épics qui vivent dans un enclos à l'angle du chemin, en face des lamas et des guanaques.

« Des porcs-épics! s'écria de Charmay, voilà un gibier que tu n'as jamais dû tuer, mon cher ami.

— J'en conviens, et toi?

— Oh! moi j'ai le coup de feu blasé sur ces *hystricides* rongeurs.

— Qu'est-ce que c'est que ça? répète-moi le premier mot, répondis-je.

— Inutile : c'est ainsi que les savants ont cru devoir nommer ces animaux hérissés de piquants, peu connus en France, mais assez communs dans l'Inde, où j'ai eu le plaisir de demeurer pendant douze ans. C'est de l'Inde qu'ils ont été introduits, à ce qu'on m'assure, dans l'Italie et dans les pays barbaresques, voire même dans notre Algérie.

— J'ai ouï dire qu'il y a aussi des porcs-épics en Sicile, à Naples et en Espagne.

— Cela se peut bien; mais je vais, si cela te fait plaisir, ajouta de Charmay, te raconter la véritable histoire naturelle du porc-épic, et, pour en finir, une chasse « piquante » dont j'ai été le héros. »

Un signe de tête affirmatif suffit pour prouver à de Charmay que j'étais tout oreilles, et il commença en ces termes :

« Regarde bien cet animal à la tête aplatie sur les côtés, au museau ressemblant à celui d'un lièvre; ses yeux sont petits, son cou assez gros, renflé même; le voilà tourné, examine encore cette queue excessivement courte. Les porcs-épics que voici, à la taille près, — car ceux de l'Inde sont plus gros que ceux du jardin d'acclimatation, — ressemblent, comme un pécari ressemble à un solitaire de nos forêts, à leurs congénères des bords du Gange. Les piquants les plus gros se trouvent dans la partie postérieure sur la ligne médiane du corps; pointus aux deux extrémités, renflés au milieu, ils sont barrés de noir et de blanc et produisent, en s'entre-choquant, un bruit qui avertit le chasseur de la présence de l'animal à qui ils servent de défense. Le derrière de la tête, le cou, les parties antérieures du dos, sont également recouverts de petits piquants, et tous ces dards, plantés dans une carapace de la force et de l'épaisseur d'un parchemin, restent d'ordinaire couchés sur le dos, ne se relevant, à l'aide des muscles sous-cutanés, que lorsque l'animal se met en colère, ou bien quand il pense qu'il est temps de défendre sa vie contre les attaques de l'homme, celles d'un serpent ou de tout autre ennemi. Les parties de la peau entre les piquants sont recouvertes de soies brunes et jaunâtres, striées de blanc. J'avais entendu dire, — mais ceci tient de la fable, quoique la mythologie n'en eût pas encore fait mention, — que les porcs-épics avaient le pouvoir de lancer leurs piquants, comme un archer une flèche, et

mieux encore que ces piquants, une fois entrés dans la chair
de l'homme ou de l'animal, avaient le pouvoir de pénétrer
plus avant de leur propre impulsion; je déclare, et tu me
croiras sans peine, que le fait est controuvé, car j'ai souvent chassé les porcs-épics dans ma vie, et jamais je
n'ai été perforé par ces projectiles, très innocents d'ailleurs tant qu'on n'y touche pas avec les doigts, la main en
avant.

« Je poursuis, mon cher ami, et je vais te raconter ma
chasse aux porcs-épics. »

Nous étions allés nous asseoir sur un banc près de l'enceinte réservée aux autruches et aux casoars, et de Charmay
recommença en ces termes :

« J'étais parti depuis quinze jours de Calcutta, avançant
à petites journées dans l'intérieur des terres, pour me rendre
chez un *nabab*, planteur d'indigo de mes amis, qui m'a-
vait souvent engagé à aller passer chez lui une saison de
chasses. Un *sircar*, autrement dit un majordome, que j'avais
pris à mon service pour avoir soin de mes intérêts, s'était
abouché avec six porteurs de palanquin et deux *cipayes*,
ayant mission de me servir d'escorte, et nous nous mettions
en route chaque jour de très bonne heure, dans le but d'éviter
la chaleur torréfiante qui rôtissait tout dans la campagne
dès que le soleil était levé.

« En effet, à l'heure convenue, on s'arrêtait d'ordinaire
le long du Gange, dont nous suivions les bords, toujours,
lorsque cela se pouvait, près d'une source habituellement
fréquentée par les voyageurs. Le matin du quatrième jour,
nous fîmes halte dans un site délicieux, près duquel se trouvait déjà installé un Anglais qui, grand amateur de chasse,
comme il me l'apprit lorsque nous nous fûmes présentés
l'un à l'autre, errait depuis quatre mois dans le pays, en
quête d'aventures, à la recherche d'animaux de toutes sortes,
tigres, éléphants, ours, serpents, paons, etc. etc.

« Sir John Malcolm, à l'inverse de ses compatriotes,
était fort communicatif, et nous ne tardâmes pas à devenir
les meilleurs amis du monde. Cet aimable enfant d'Albion

connaissait Paris ; il avait visité les États-Unis dans tous leurs méandres, au nord, au sud, à l'est, à l'ouest et au cœur de ce vaste continent ; nous causions donc de choses qui nous étaient familières. Il m'avait montré les dépouilles opimes qu'il rapportait de sa dernière excursion, peaux d'animaux divers, dépouilles d'oiseaux, papillons desséchés, reptiles, etc. etc.

« — Il ne me manque plus qu'un ou deux porcs-épics, me dit-il enfin, et je me suis arrêté ici pour me donner le plaisir d'une chasse à ces animaux.

« — Il y en a donc dans ces parages ?

« — *Yes,* Monsieur ; à deux cents pas d'ici, mes *coolies* m'ont montré ce matin le terrier fréquenté d'une colonie de porcs-épics. J'espère bien ce soir, ou au plus tard demain matin, être à même d'ajouter un de ces animaux à ma collection. »

« Ici j'ouvre une parenthèse, mon cher ami, fit de Charmay. Tu n'ignores pas, ou du moins tu peux supposer que, si la hache et la charrue ont depuis quatre-vingts ans ouvert les forêts et défriché les jungles de l'Inde, il reste pourtant encore, au milieu des États où la compagnie des Indes n'a point pénétré, des jungles où le plus hardi voyageur n'oserait pas mettre le pied.

« C'est là, dans ces solitudes inexplorées, que vivent et grouillent en famille les animaux les plus dangereux de la création : sangliers, tigres, léopards, ours, panthères-teraï et chacals, en compagnie de bandes de cerfs, de daims, de timides gazelles et de porcs-épics enfin.

« Nous nous trouvions sur le bord de l'une de ces jungles ; aussi, comme sir John Malcolm m'avait engagé à lui tenir compagnie jusqu'au lendemain, — concession qu'il ne m'avait pas été pénible de faire, tant j'avais de plaisir à causer avec ce galant homme, — je fis dresser la tente, distribuer du riz à mes *coolies,* et je me disposai à courir la chance d'une nuit passée sur le bord d'un désert de l'Inde. Jusque-là je m'étais reposé dans l'habitation de quelque *talookdar* (propriétaire indou, à demi civilisé) ou d'un *nabab* vivant dans ces riches fermes dont le luxe est réellement asiatique. Ce soir-là je me risquais un peu, mais du moins je le faisais en bonne compagnie.

« Nous dînâmes ; nous prîmes le thé, sir John et moi ; puis, le soir venu, une demi-heure avant le coucher du soleil, chacun armé d'un *menton* à deux coups, nous allâmes nous placer en embuscade près du terrier des porcs-épics.

« Nous avions eu soin de nous mettre à bon vent, afin de ne pas être dépistés par ces animaux, dont le flair est très fin ; mais, quelques précautions que nous eussions prises, mon nouveau camarade et moi, la nuit se fit autour de nous, et nous rentrâmes au camp « bredouilles », sans avoir même brûlé une amorce.

« A dix heures nous reposions dans nos hamacs, lorsque commencèrent les bruits du désert, bruits provenant du rugissement de tous les animaux de la jungle, qui se seraient bien aventurés jusque près de nous, si nos *coolies* n'avaient pas eu soin d'allumer et d'entretenir des feux tout autour de notre campement.

« C'était la première fois, continua de Charmay, que j'assistais à pareille cacophonie. Bref, quatre heures du matin sonnaient à nos montres à répétition, lorsque sir John me secoua par le bras, en me disant de sa voix la plus amicale : *Dear sir, get up, if you please. It is time to go* [1].

« Je ne me fis nullement prier, et cinq minutes après nous retournions ensemble, à tâtons, à la même place que nous occupions la veille.

« — Mettons-nous là, » avait murmuré sir John à mon oreille, et j'avais obéi sans répondre, m'accroupissant sur le sol, et tenant mon fusil prêt à mettre en joue.

« Il faisait toujours nuit ; cependant peu à peu nous vîmes clair devant nous. Nos yeux s'étaient faits à l'obscurité, si bien que nous pouvions distinguer sans peine un terrier orné de gueules béantes, dont les entrées, — quelques-unes du

---

[1] « Cher Monsieur, levez-vous, s'il vous plaît ; il est temps de partir. »

moins, — paraissaient piétinées et recouvertes de fientes de la grosseur de noisettes.

« A deux ou trois reprises, un bruit sec, qui nous faisait songer à celui d'un faisceau de joncs heurtés les uns contre les autres, avait frappé nos oreilles.

« *They are coming[1]!* avait prononcé sir John du bout des lèvres.

« C'étaient bien, en effet, des porcs-épics qui produisaient cette crépitation : au moindre murmure qui résonnait dans l'espace, à la plus petite alarme, les *hystricides,* — pardon ! je n'y reviendrai plus, fit de Charmay en souriant, — prenaient la mouche et se préparaient au combat.

« Nous ne voyions rien encore, mais nous percevions ce bruit très curieux qui irritait nos nerfs et faisait circuler un frisson par tout notre corps, frisson de désir et non point de crainte, sois-en certain.

« A la fin, le crépuscule parut, et avec cette nouvelle clarté il nous fut possible d'apercevoir devant nous, d'abord un, puis deux porcs-épics, le mâle et la femelle, qui se dirigeaient vers une des ouvertures béantes de leur domicile souterrain.

« Sir John m'avait poussé du coude en me disant : *Take your time. Don't shoot in a hurry[2]!* et j'avais suivi ces instructions.

« Le fusil à l'épaule, je visai au moment où le premier porc-épic relevait le museau : il reçut la charge de plomb en plein dans la poitrine, et roula pour ne plus se relever.

« C'était le mâle, et la femelle, qui avait tressailli à la détonation de mon arme, ne put s'éloigner à temps pour éviter la seconde décharge, qui l'abattit à un mètre de son congénère.

« J'avais fait coup double sur les porcs-épics, et c'étaient les premiers que je tuais depuis que je me servais d'un fusil, et que j'avais déclaré la guerre aux bêtes de la création.

---

[1] « Ils arrivent. »

[2] « Prenez votre temps ; tirez sans vous presser. »

« Au bruit de ces deux coups de feu, nos *coolies* étaient arrivés, guidés par le *discar*, et, après m'avoir félicité dans leur langue gutturale, mais très expressive, ils emportèrent les deux animaux avec assez de difficulté, car ils redoutaient de se piquer les jambes et les mains.

« Il fallut que sir John dépouillât lui-même les deux animaux, car les Indiens considéraient la chair et le sang de ces *cochons à flèches*, — c'est ainsi qu'ils les appelaient dans leur langage pittoresque, — comme impurs et propres à souiller les sectateurs d'Ali.

« Mieux encore, sir John voulut de sa propre main façonner un civet de la viande de porc-épic ; il desirait connaître par lui-même le goût de ce gibier inconnu. Le ragoût de porc-épic me parut ressembler, — sauf un fumet assez odorant, — à de la chair de sanglier. Les morceaux étaient bons, et nous nous régalâmes, mon camarade et moi, comme si nous n'eussions pas, la veille, dégusté un excellent « paonneau » rôti à la broche et arrosé d'une sauce au citron.

« Il fallut enfin nous quitter, sir John et moi, ajouta de Charmay. Nos adieux furent ceux de deux hommes qui se sont appréciés, et je n'ai revu depuis mon Anglais qu'à Chandernagor, en revenant en Europe.

« Tandis que sir John Malcolm s'éloignait, je poursuivis ma route jusque dans l'intérieur du Mossifal, où j'eus le plaisir d'assister à des chasses très curieuses sur les plantations du *nabab* qui m'avait engagé à venir le voir et sur celles de plusieurs de ses voisins.

« Je te raconterai cela une autre fois, » fit de Charmay, et il l'a fait, en effet, comme je pourrai le prouver un de ces jours à mes bienveillants lecteurs.

XIII

.

LE CHAT SAUVAGE

La premiere fois que je vis un chat sauvage, — je me souviendrai de ce fait toute ma vie, — ce fut entre Rocroy,
célèbre par la bataille de l'an 1643, et Revez, dans les Ardennes françaises, à une demi-lieue de la Meuse, que l'on
apercevait du haut d'une montagne escarpée, couverte de
mélèzes, de chênes et de sapinettes argentées.

J'étais parti de Morcou en voiture, avec quelques amis qui
m'avaient engagé à chasser sur leur territoire, très peuplé
de chevreuils, de renards et de sangliers. On avait même
vu un lynx, — gibier rare, — dans une battue qui avait pré-
cédé celle à laquelle j'étais convié. La route avait été égayée
par mille lazzi joyeux et spirituels, si bien qu'on ne s'était
point aperçu de sa longueur, — deux heures et demie, — par
une température glaciale, un vrai temps de novembre; car
nous avions regardé le calendrier, qui marquait le chiffre 12
de l'an de grâce 1859.

Bref, au milieu de ces propos oiseux, mais indispensables
pour entretenir la bonne harmonie entre gens qui se connaissent et s'amusent ensemble, nous avions franchi la distance, nous arrivions dans une maison de garde, dans la

cheminée de laquelle brillait un feu alimenté par des fagots, si bien entretenue qu'on se demandait comment la maison, couverte de chaume, ne flambait pas à son tour ; on avait amplement déjeuné à l'aide d'une omelette au lard assaisonnée et façonnée par la Ragaine, épouse du maître de la maison ; puis on était parti, la meute composée de quatre excellents chiens courants en avant, tenue en laisse par un valet très habile, et l'on avait atteint un coin de la forêt fréquenté par les chevreuils, qui se plaisaient dans ces parages.

La voie toute chaude d'un de ces animaux ne fut point difficile à « empaumer », et baou ! baou ! les quatre bêtes avaient détalé, tandis que chacun de nous prenait sa volée sous la direction du garde-chef, afin de se trouver sur le passage des chevreuils et particulièrement dans un poste favorable pour ne pas les manquer.

J'arrivai le premier, grâce à ma vélocité, à l'extrémité de la ligne ; je me tins tapi dans un taillis de genêts verts qui me cachait à tous les yeux et me permettait de voir clairement autour de moi.

Une chevrette se montra, qui, passant à ma gauche, hors de portée, s'en alla sans même se douter que je me trouvais embusqué là, préméditant un assassinat sur sa charmante personne.

A celle-ci succéda une autre bête du même sexe, laquelle s'arrangea de façon à ne pas être atteinte par le coup de feu que je lui adressai sans pitié, mais fort inutilement.

Cette détonation avait arrêté le broquart qui suivait, — le lâche, — ses deux compagnes, lancées d'ordinaire par lui en avant, comme s'il voulait se préserver du danger en envoyant des éclaireurs devant lui.

Le broquart ne perdit rien pour attendre : il se jeta à droite, et vint passer à dix pas de moi : viser, toucher la détente et sentir le recul de l'arme sur mon épaule, tout cela fut l'affaire d'une seconde.

L'animal était mort, sans même pousser une plainte, et onques je n'avais éprouvé pareille joie à contempler ma victime étendue sur le sol, à admirer son bois granulé et orné de deux andouillers. Ce chevreuil pesait 29 kilog., et c'est un des plus gros que j'aie jamais portés bas.

Hallali ! chacun de mes camarades accourut ; les quatre chiens les avaient devancés, et nous avions, le garde et moi, la plus grande peine à les empêcher de *se mettre à table*. On satisfit à leur appétit en vidant *la bête*, et Dieu sait si les entrailles et les « épinards » furent du goût de ces bons serviteurs !

Cela fait, on pendit la victime à une haute branche, au milieu d'un fourré, puis l'on recommença.

J'étais resté en arrière, comme si mon intention avait été de laisser la bonne chance à mes amis, qui n'avaient encore rien tué. Je ne sais comment il se fit, — grâce à un perfide écho sans doute, — mais bientôt la voix des chiens, qui avait retenti à mes oreilles à trois ou quatre reprises, s'éloigna ; je fis « comme la voix des chiens », et, après un quart d'heure de marche, je parvenais dans un endroit absolument désert, n'entendant plus le moindre bruit, perdu et ne sachant point comment m'orienter.

Je commençai par appeler, je me mis ensuite à crier : ma voix s'éteignait dans le vide.

Je pris alors la résolution de revenir sur mes pas ; mais au milieu de ma course je m'aperçus que je tournais sur moi-même.

Dans ce même moment un frou-frou se fit entendre au milieu d'un taillis, et en jetant les yeux de ce côté-là j'entrevis, — grâce à une étroite clairière qui s'ouvrait devant moi, — un énorme chat sauvage qui fuyait, et qui, rencontrant le tronc d'un chêne, prit son élan, s'accrocha, et, rencontrant une branche maîtresse, laquelle avait poussé horizontalement, s'accroupit sur la partie supérieure en jetant des yeux hagards dans ma direction.

Quel superbe animal, dodu, bien nourri ! quel pelage soyeux ! On eût dit, — n'eût été la conformation de la face et la bigarrure de la robe, — un beau renard pour la taille. C'en était un pour le poids ; car il se trouva qu'il pesait dix kilogrammes lorsque je le tins entre mes mains, comme je vais le raconter dans un moment.

La bête sauvage ne pouvait pas m'échapper. Il m'était loisible de la tirer au «gîte», à la volée et à la course. Je me contentai pour le moment, avec un sang-froid digne d'un chasseur qui sait ce qu'il peut attendre de son coup d'œil rapide, d'examiner à loisir ma victime future.

J'avais souvent entendu dire que les chats sauvages de nos Ardennes étaient fort gros ; celui-ci dépassait tout ce que j'avais pu rêver. Son poil était d'un gris terne de bandes et peu foncé, strié de fauve et couvert d'une couleur plus foncée. J'apercevais la naissance de quelques taches noires sur le cou. Le contour de la branche ne cachait ni son ventre blanc ni ses pattes, qui étaient barrées de noir.

J'avais hâte cependant d'en finir, et, sans plus attendre, j'épaulai mon fusil et je fis feu sur la bête accroupie. Elle bondit comme si un boulet de canon l'eût emportée, et alla retomber inerte sur le sol.

Il me fut alors possible de regarder à loisir l'animal, dont le cadavre puait très fort. Une longue raie noire régnait le long de son dos, depuis la naissance de la queue jusque sur le sommet de la tête ; le dessous des pattes et les lèvres de mon chat étaient d'un noir si mat, qu'on eût cru qu'elles étaient cirées.

Mon coup de feu avait été entendu par mes compagnons de chasse ; quelques instants après, je perçus le son du cornet qui rappelait, et je me dirigeai, — grâce à ces sons prolongés, — droit vers le carrefour où l'on s'était arrêté pour m'attendre.

Dieu sait si je reçus des compliments pour la belle chasse que j'avais faite. On ne se lassait pas de palper et de reluquer mon chat sauvage, qui était sans contredit un des gros de l'espèce.

« Te voilà donc crevé, s'écria le garde, toi qui détruisais tous mes lapins et avalais tous les œufs de mes nids ! Ah ! Messieurs, je l'avais souvent entrevu, le bandit, mais de trop loin. Enfin M. Léon l'a tué, j'en suis bien aise, savez-vous !

XIV

LES SANGLIERS DU TEXAS

Les sangliers de l'Amérique que l'on rencontre dans les
États du Sud, à partir de la zone de la Louisiane, du Texas,
dans tout le Mexique, le Yucatan, et en dessous de l'isthme
de Panama, dans toute l'étendue de l'Équateur, de la
Guyane, du Brésil et du Paraguay, sont les *taguicati*, dont
les signes particuliers, le signalement, consistent dans deux
favoris de poils blancs qui s'étendent vers la mâchoire supérieure comme la *côtelette* d'un Anglais, et descendent par-
dessous la babine inférieure de façon à se croiser sous... le
menton.

La robe de l'animal adulte est d'un très beau brun rougeâtre, strié de gris. Dans sa jeunesse, le sanglier *taguicati*
porte la « livrée » et a le corps zébré comme les marcassins
de nos forêts d'Europe. Les oreilles de ces animaux, à l'état
de forte croissance, sont garnies extérieurement de très
longues soies.

Des deux espèces de sangliers, le *taguicati* est la plus
terrible, la plus redoutable. Les ravages qu'il fait dans les
champs cultivés font souvent maudire sa présence par les
fermiers du Texas et les *haciencleros* du Mexique et des
autres parages où vivent en compagnie ces cochons sau-

vages du nouveau monde. Et cependant le sanglier rend de très grands services aux habitants ; car il fait la guerre la plus acharnée à tous les reptiles et particulièrement aux serpents, dont les morsures n'ont aucune prise sur sa chair, et qui, par contre, sont impitoyablement broyés sous les dents de ces *snake eaters* et mangés sans la moindre répugnance.

La seconde espèce de sanglier est le *tajacu*, d'une dimension plus petite que le précédent, et dont la taille est celle d'un mouton. Sa ressemblance avec le sanglier d'Europe est parfaite, avec cette différence cependant que les jambes de derrière sont bien plus courtes.

Le tajacu est aussi terrible que le sanglier de l'Inde ou le phacochère de l'Afrique. D'un naturel très irritable et d'une sauvagerie sans pareille, il ignore ce que c'est que la crainte, et attaque l'être qui se trouve devant lui, quel qu'il soit, homme ou fauve, sans hésiter un moment.

Cette impétuosité farouche du tajacu est motivée par son peu d'intelligence naturelle, qui l'empêche de deviner le danger ou l'obstacle qui se dresse devant lui, inévitable et conduisant à une mort certaine.

Dès qu'il a vu dans sa route un être appartenant à une espèce différente de la sienne, il se rue sur lui, tête baissée, les boutoirs aiguisés en avant.

On se fait difficilement une idée de la violence de cet animal-ouragan, qui brise et renverse tout sur son passage.

Je citerai à l'appui un exemple dont j'ai été témoin pendant une excursion de chasse dans les environs de Saint-Patrice, au Texas, sur les bords marécageux du Rio-Nueces.

J'étais allé à la chasse des tajacus, et un des Indiens qui me servaient de guide, se jetant tout à coup par terre et me faisant signe de ne pas bouger, se releva bientôt en me disant d'une voix saccadée :

« Aux arbres ! aux arbres ! c'est un troupeau de *boars* qui descend la montagne. »

Et, joignant l'exemple à l'avis, il saisit d'une main vigoureuse la branche d'un érable et se trouve bientôt hissé sur la fourche, à trois mètres du sol.

J'avais fait comme lui, et me tenais les jambes ballantes sur un pin à moitié déraciné appuyé sur son voisin.

En jetant les yeux devant nous, Yacksou Mo-odi, mon Indien, et moi, nous aperçûmes une panthère, qui, alléchée par l'espoir de prendre sa part du festin, s'était perchée sur un cèdre voisin, afin de mieux guetter et surprendre sa proie.

L'avalanche animée descendait nombreuse et mugissante, et, à un moment donné, la panthère fit un bond au milieu de la compagnie. Par malheur pour elle, au lieu de tomber sur les traînards, elle avait mal pris son temps et se trouva au centre de la bande.

Aussitôt, avant qu'elle eût eu le temps d'emporter sa victime, la bête féroce fut renversée, culbutée, déchirée, mise en lambeaux, anéantie, et l'Indien me montra, à la place où la bataille avait eu lieu, quelques débris informes dans lesquels on n'eût jamais pu reconnaître la superbe panthère qui, un moment auparavant, se préparait à déjeuner d'un tajacu tendre et dodu.

Quoique ce pachyderme n'inspire pas à première vue une très grande appréhension au chasseur, celui-ci apprend un jour ou l'autre, à ses dépens, à faire attention à la présence d'une compagnie de sangliers dans les parages où il s'est aventuré en quête de gibier.

Un tajacu de belle venue mesure à peine un mètre de long, et son poids varie de vingt-deux à vingt-sept kilog. Ses défenses consistent en deux petits boutoirs qui pointent à peine en dehors derrière les lèvres. Quoique d'une dimension exiguë, ces armes sont terribles ; car elles ont la forme de lancettes parfaitement aiguisées de chaque côté et coupent comme de l'acier sortant des mains de l'aiguiseur.

Dans l'ouvrage anglais de Webber, intitulé : *Roman de l'histoire naturelle,* j'ai lu avec le plus grand intérêt le récit amusant de la terreur éprouvée par des chasseurs qui,

à l'aide d'une meute, attaquaient un ours et se disposaient à
le porter bas. Au moment le plus intéressant de l'action, une
compagnie de tajacus survint, qui, se précipitant sur les
hommes et les bêtes, mit en fuite les uns et les autres, y
compris maître Bruin, qui ne crut point prudent de résister
à ces ennemis acharnés. Ce fut un sauve-qui-peut général,
et les sangliers poursuivirent leur course, coupant à droite

A l'affût du sanglier.

et à gauche les baliveaux et les branches qui s'opposaient à
leur passage.

J'ajouterai toutefois que, quel que soit le courage des
tajacus, ils ne finissent pas moins par comprendre que les
squatters et leurs armes à feu sont redoutables. Quoique leur
instinct soit borné, ils ont deviné ce qu'ils avaient à craindre,
et, dès qu'une détonation se fait entendre, ils se sauvent dans
une sombre retraite.

Tantôt c'est dans les terriers abandonnés, — ceux des
« armadillos » particulièrement, quand ceux-ci ont émigré
dans un autre parage; — tantôt, et le plus souvent, dans
des troncs d'arbres renversés et pourris, qui par conséquent
sont creux et offrent une sûre retraite.

Or, quand ce tronc d'arbre est découvert par les sangliers, voici quelle est leur façon de procéder à leur intro-
duction dans la place. Au lieu de se glisser par le groin

dans ce boyau circulaire, c'est par le train de derrière qu'ils
y pénètrent : de cette façon le dernier entré se trouve avoir le
groin à l'orifice de l'huis agreste, et, sentinelle avancée, il
veille, prêt à s'élancer dehors si la nécessité s'en faisait
sentir.

Cette habitude, bien connue de tous les chasseurs du Texas
et autres moins civilisés, est fatale aux tajacus ; car un chasseur, perché sur un arbre hors de la portée de ces animaux,
pourvu de munitions, poudre et balles, peut immoler un
grand nombre de ces sangliers au fur et à mesure qu'ils
émergent de leur asile ligneux.

Il y a deux manières de chasser les sangliers : au fusil,
ou au sabre et à la lance.

La première de ces chasses est pratiquée par les squatters
du Far-West du sud de la façon suivante. On se place à
portée du tronc d'arbre choisi par les pachydermes, sous une
roche ou sur la fourche d'un cèdre qui vous cache aux yeux.
Dès que toute la compagnie est entrée « par l'arrière » dans
sa retraite habituelle, quand la sentinelle a pris sa place,
le groin en dehors, le chasseur vise et frappe celui-ci,
soit au front, soit au cou, comme il peut. Si l'animal
blessé s'élance au dehors, aussitôt le sanglier placé derrière
lui prend sa place ; et comme ce mouvement a nécessité un
certain laps de temps, le chasseur a pu recharger son arme.

Un second coup abat un second tajacu, et ainsi de suite ;
car les détonations ne parviennent pas aux oreilles des
autres prisonniers volontaires, qui ne comprennent point,
ou plutôt n'ont pas le temps de comprendre ce que signifie
la pose allongée de leurs congénères et même leurs convulsions d'agonie le cas échéant.

La seconde méthode de chasse, la lance, nécessite l'asso-
ciation de deux chasseurs, l'un qui se tient debout sur le
tronc habité par les tajacus, près de l'ouverture, tenant à la
main un épieu ou une lance qu'il enfonce d'un coup sûr
dans le cou, en perforant l'animal ; l'autre à ce moment
même emploie le sabre ou l'épée, qu'il serre fortement entre
ses doigts, à lacérer les flancs de l'animal.

J'ai raconté quelques incidents de la première chasse dans mon volume intitulé *Chasse dans l'Amérique du Nord* [1], auquel je renvoie mes lecteurs. Je vais cette fois réparer un oubli et ajouter ici une aventure dont je fus le héros, en compagnie d'un aimable planteur du Texas, M. John Morgan, propriétaire de Canney-Creek, dont il est grandement question dans mon ouvrage. Son frère le plus jeune, avec qui nous avions fait, quelques jours auparavant, la chasse aux tajacus, me proposa d'aller visiter un tronc d'arbre qu'il savait fréquenté.

« Vous prendrez la lance, me dit-il, et moi je me charge du bowie-knife.

— *All right !* » répondis-je ; et, en effet, à dix heures du soir, par un admirable clair de lune, nous nous trouvions le long d'une clairière bordée par un ravin marécageux, au milieu duquel s'élevaient des massifs de cannes-roseaux, ce que l'on appelle un *cane break* aux États-Unis.

Au centre de l'un de ces halliers se trouvait couché sur le sol, les racines en l'air, un énorme chêne qui avait sans doute été renversé par l'orage, ou bien dont le torrent avait ruiné la base. Entre les maîtresses branches de ce géant, qui mesurait au moins trois mètres et demi de circonférence, mon camarade de chasse me fit observer un orifice, et, sans parler autrement, m'apprit par un geste que ce « boyau » était fréquenté.

En effet, avec beaucoup de bonne volonté, on pouvait distinguer le groin d'un tajacu qui dépassait de vingt centimètres le trou de l'arbre pourri.

Stephen Morgan se hissa avec précaution sur le tronc, et par son avis je me plaçai à portée, un énorme coutelas à la main, prêt à frapper au moindre signe.

L'attente ne fut pas longue : Stephen releva et laissa retomber sa lance ; le tajacu fit irruption, je lui adressai un coup de bowie-knife en plein corps, et la bête tomba foudroyée.

---

1 Publié par MM. Mame et fils, à Tours.

Un autre groin ne tarda pas à se montrer à l'entrée; mais nous n'en apercevions que le nez, «la truffe,» en un mot. La bête hésitait à sortir. Dans un moment donné, elle avança pourtant sa tête pour mieux voir ce qui se passait; le cou se trouva à découvert, et Stephen et moi nous commîmes un second meurtre.

C'en était un, en effet, comme nos lecteurs le verront tout à l'heure.

Nous attendions le tour du troisième *boar* texien; rien ne venait, et pourtant on entendait dans l'intérieur de cette caverne tubulaire des grognements, de cris gutturaux qui indiquaient assez qu'elle était encore habitée.

« Hélas, s'écrie tout d'un coup Stephen, nous avons tué le père et la mère : ce sont les petits qui sont là. »

Il avait dit vrai ; car, après avoir sonné pendant quelque temps d'un cor de chasse qu'il portait d'ordinaire en bandoulière, je vis accourir deux nègres tenant un paquet, des torches allumées et un panier couvert.

« Nous allons faire sauter le tronc d'arbre, m'avait dit Stephen Morgan, et comme les petits sont tout à fait au fond, ils n'auront pas de mal. »

Ce que les deux nègres avaient apporté, c'était un pétard contenant trois kilogrammes de poudre, bien ficelé et contenu dans une boîte de fer-blanc. On introduisit l'engin destructeur dans le tronc. On y adapta une mèche d'agaric, et, cela fait, nous nous retirâmes à distance pour attendre le résultat de l'explosion.

Elle fut terrible, et de ce chêne énorme il ne resta plus devant nos yeux, — la fumée dissipée, — qu'une portion intacte, — celle qui était la plus éloignée des racines et la plus proche de la naissance des branches.

Nous eûmes à déblayer pendant quelque temps l'extrémité du creux, laquelle se trouvait remplie de débris de terre ou de poussière de bois pourri. On n'entendait plus le moindre grognement; mais cela provenait sans doute de la terreur qu'éprouvaient les jeunes marcassins.

Tout à coup l'un de nos nègres mit la main, — j'allais

dire « la patte », — sur un petit animal à peine gros comme un chien qui vient de naître. C'était le premier de onze jeunes qui se tenaient blottis les uns contre les autres.

On les fourra tous dans le panier, et on les emporta à Canney-Creek, où mes amis essayèrent une expérience de domesticité, laquelle, comme je l'ai su plus tard, n'a nullement réussi.

Chassez le naturel, il revient au galop, a dit le poète : et les tajacus de M. Morgan le lui proùvèrent bientôt, une fois adultes, en détruisant tout ce qui se trouvait à leur portée, et en se ruant sur lui et sur tous ceux qui s'approchaient des palissades de leur ménagerie.

Je reviens, pour finir, à quelques détails sur les sangliers américains. Le cri de cet animal est très aigu. Dans ses accès de colère, il fait claquer ses dents les unes contre les autres : c'est ce bruit qui annonce leur arrivée aux chasseurs.

La viande du tajacu est peu estimée. Celle des mâles est réputée immangeable ; il n'y a que la viande de la femelle qui soit appréciée : on la compare pour le goût à celle du lièvre. De toute façon c'est un plat insipide ; car l'absence de parties entrelardées le rend très sec et peu édible.

Les tajacus sont d'excellents nageurs, et se plaisent souvent à traverser sans nécessité de grands courants d'eau, pour le seul plaisir de se baigner. C'est lors de ces ébats que les Indiens en font de grandes hécatombes ; car ils savent fort bien que ces animaux n'ont pas alors les moyens de se défendre.

Les tajacus sont omnivores : fruits, légumes, graines de toutes sortes, blé, maïs, orge, racines, reptiles, rats, petits oiseaux, œufs, tout leur est bon. C'est assez dire que les squatters américains et les hacienderos des pays mexicains, yucatèques et autres, les ont en fort petite estime.

Et pourtant la disparition complète des reptiles dans les pays hantés par les tajacus est un fait constant. Dans ce but, peut-être pourrait-on bien les introduire et les acclimater pendant un certain temps dans les pays où les vipères abondent; puis, quand les serpents auraient été dévorés, on s'en débarrasserait en les chassant.

C'est là une question à étudier.

XV

CHASSE AUX RENARDS

On n'est pas chasseur sans être naturaliste, et je dirai même plus, c'est que lorsqu'on étudie l'histoire naturelle dans les livres seulement, on est Gros-Jean comme devant ; aussi le moindre garde, le plus infime paysan peut vous en remontrer à chaque instant.

La race des renards est multiple dans le monde ; et dans nos musées zoologiques on peut voir, à la queue leu leu, l'isatis, le renard argenté, le renard tricolore, le renard d'Égypte, le renard du Cap, le renard de Virginie, etc.

Quelles que soient les couleurs des robes de tous ces animaux, les savants ont déclaré *qu'ils avaient tous la même physionomie*. Tel n'est pas mon avis. Si la docte académie s'est prononcée pour dire que notre renard commun était le *canis vulgaris,* moi je veux qu'on sache bien que le renard n'est pas un *chien,* mais un *renard,* c'est-à-dire un animal à part, formant souche ; et je n'aurai, pour prouver la valeur de ma thèse, qu'à démontrer que la pupille de l'œil du renard est exceptionnelle, ainsi que la forme triangulaire de ses oreilles, à montrer la houppe prolongée de sa queue, à mentionner son odorat, d'une délicatesse exceptionnelle, et enfin à citer ses mœurs, qui ont inspiré à M. de Buffon une de ses pages les plus pittoresques.

Les ruses des renards rempliraient, racontées, des volumes entiers; et nos voisins d'outre-Manche, qui professent pour master Fox une amitié respectueuse, ont publié un gros livre de 500 pages entièrement consacré au héros des *fox hunts*.

Le renard français, — et je dis français avec certaine raison que j'expliquerai tout à l'heure, — mesure de soixante à soixante-dix centimètres de la pointe du museau à la naissance de la queue. Son train de derrière est de trente centimètres environ, et celui de devant est un peu moins haut. Si son front, entre les deux oreilles, est démesurément large, par contre son museau est effilé et pointu à ce point qu'il a donné naissance à un proverbe. Quant à ses mâchoires, peste! elles sont armées de dents aiguës et d'une force toute particulière.

Je passe à sa « brosse », — c'est ainsi que les Anglais appellent sa queue; — elle est si touffue, si bien garnie, qu'avec elle on peut se passer de plumeau.

La robe du renard est de deux sortes; mais la plus ordinaire, celle qui est portée par le plus grand nombre de ces animaux, est d'un fauve roux. Les lèvres, le tour de la bouche, la poitrine, le ventre et l'extrémité de la queue sont blancs, tandis que le bout des oreilles et les pattes sont noirs.

La seconde espèce française est celle connue sous le nom de *charbonnier*, ayant un vêtement plus sombre, le ventre et la poitrine d'un gris foncé, et dont la queue et les pieds sont noirs comme de l'encre.

Le renard anglais est de couleur fauve et rouge, et malgré les importations de ces animaux faites de nos côtes sur celles de la Grande-Bretagne, pour satisfaire aux exigences des plaisirs favoris des sportsmen, l'espèce primitive du sol britannique n'a point été altérée.

Le renard se trouve dans toute l'Europe, avec des robes variées, les unes grises, les autres noires, celles-ci blanches, celles-là argentées; il en est même de tout bleus, — relativement toutefois, — dans la Sibérie.

Cherchons maintenant cet animal nuisible dans les pays

qu'il aime de préférence; nous le rencontrerons au milieu des montagnes et des forêts situées à proximité des plaines cültivées, où il trouvera de nombreux mulots, sa nourriture ordinaire.

Ah! que d'actions de grâces ne devrions-nous pas au renard, — au point de vue de l'agriculture, — si cet animal se contentait du pain de tous les jours! Mais la bête est gourmande, il lui faut de la viande avec son pain; et il choisit pour mets les faons de cerfs et de chevreuils, les lièvres, les lapins, les faisans, les perdreaux, en y ajoutant, comme hors-d'œuvre, des grenouilles, des poissons, des écrevisses, des scarabées, des limaces, et préférant pour son dessert le miel des abeilles, les fruits de toutes sortes, les raisins surtout, les fraises, les framboises, et enfin tout ce qui est bon et apprécié par l'homme, son rival en goinfrerie.

Si l'on pouvait suivre, la nuit, sans être vu, un renard en maraude, on assisterait à un spectacle des plus curieux qui soient donnés à un observateur. On verrait la bête ramper comme un Peau-Rouge, se glisser sans faire le moindre bruit, se raser tout à coup lorsqu'il aperçoit sa proie, et guetter le moment favorable pour bondir et s'en emparer. Cette multiplication de ruses, de marches et de contremarches servirait de modèle au chasseur..., pardon, au braconnier; car le braconnier est le prototype du renard.

Lorsqu'un renard est parvenu à pénétrer dans le poulailler d'une ferme, vous croiriez peut-être qu'il se contentera de saisir une poule par le cou, de l'étrangler et de l'emporter au plus tôt : non point. Le bonheur de ce déprédateur est de faire le plus de mal possible; et de même que le criminel qui s'est glissé dans une maison avec l'intention de voler seulement devient assassin et se rue sur tous ceux qui ont été témoins de son attentat, de même le renard se précipite à droite, à gauche, donne un coup de dent par-ci, un autre par-là, jusqu'à ce que tout ce qui était en vie autour de lui soit mort et ne bouge plus. Alors seulement il se retire..., à moins qu'il ne soit surpris sur place et assommé comme un malfaiteur, ce qui lui arrive quelquefois.

Les renards, dans les premières semaines de février, souvent même dès janvier, se retirent dans le terrier, à l'abri du vent, dans un « cagnard ».

La *renarde* est une excellente mère : tandis qu'elle garde sa progéniture, le mâle pourvoit au besoin de sa compagne et de ses petits. Cet état de choses dure une quinzaine ; mais, après ce laps de temps, la femelle sort elle-même toutes les nuits. Lorsque les renardeaux ne se contentent plus du *lolo* de leur bonne nourrice, celle-ci ajoute à cet ordinaire des animaux et des oiseaux qu'elle fait en sorte de rapporter vivants afin d'exercer sa jeune famille à l'art du carnage, dans lequel ils excellent bientôt.

Rien n'est plus gracieux que les renardeaux de la grosseur d'un petit chat, se glissant hors du terrier, le matin, vers midi et le soir, pour respirer, pour attendre leurs parents revenant de la chasse, ou bien encore pour s'ébattre sur le sable ou le gazon.

Les drôles ne s'aventurent à suivre leurs père et mère que lorsqu'ils ont atteint la moitié de leur croissance ; et, si le soleil brille, ils s'allongent dans un champ de blé ou dans une taille exposée aux rayons bienfaisants, afin de humer le bon air et attendre... l'occasion.

Quand l'automne est venu, les jeunes et les vieux se séparent ; et si ces derniers s'aventurent au loin, les premiers ne s'éloignent jamais des parages qui les ont vus naître.

Les jeunes renards n'atteignent toute leur croissance qu'au bout de deux ans.

J'ai entendu dire à quelques-uns de ces savants chasseurs qui savent tout... et ont tout vu, comme le solitaire de M. d'Arlincourt, que les renards s'apprivoisaient aisément. Je déclare ici, *de visu et habitudine,* avoir souvent essayé, dans mon jeune âge, d'élever de jeunes renardeaux apportés au logis paternel par des bergers qui les avaient déterrés, et n'avoir jamais réussi qu'à donner mes soins à... des voleurs : le naturel revenait toujours, et j'étais obligé de me débarrasser de ces misérables, indignes de mon attachement.

Le renard se tient d'habitude, — lorsqu'il est hors de son terrier, — dans les endroits les plus fourrés; et s'il est chassé, il se jette au milieu des bois les plus inextricables. Voyez un renard lancé dans une battue; au lieu de se précipiter en avant, il muse et ruse deci delà, jusqu'au moment où il peut se glisser entre les chasseurs, et, presto, il saisit l'occasion : c'est un éclair! il a passé.

En France, quand un renard est chassé par des chiens rapides, sa première pensée est de rentrer au terrier, et il l'exécute toujours.

On a souvent parlé des ruses du renard : toutes les anecdotes relatives à cet animal sont stéréotypées; mais il en est une qui mérite une mention toute spéciale.

Un de ces animaux fatalement blessé d'un coup de feu, au lieu de courir pour s'esquiver, se plaque sur le sol, et fait le mort. J'en ai vu non pas un, mais dix, étendus dans cette position, se laisser tourner et retourner; puis, profitant de la tangente, se relever d'un bond au moment où on ne faisait plus attention à eux, et filer comme si le diable était à leurs trousses.

Avis aux chasseurs : dès qu'un renard est à terre, achevez-le à coups de talons de botte.

Certes, si le renard est rusé, il se laisse souvent prendre au piège; mais pour ceux qui lui tendent des traquenards, il est utile de recourir à des précautions inimaginables, c'est-à-dire de ne jamais toucher le fer que l'on tend et l'appât, que l'on ne place qu'avec des gants; sans cela maître Fox se défierait et ne toucherait point à l'amorce.

Tel renard pris par un membre à un traquenard se coupe lui-même la patte, afin d'échapper à ses ennemis : à son avis, mieux vaut être estropié que... mort.

La peau du renard n'est estimée des fourreurs et des chasseurs que dans la saison d'hiver, d'octobre à mars. Dans les autres mois de l'année, les chapeliers seuls en font cas.

Quant à la chair de ces animaux, fi! fi! Il y a cependant des omnivores, et... j'en ai connu, qui dévorent du renard comme ils mangeraient du lièvre. Pour arriver à trouver ce plat *édible*, ils ont exposé la *carne* à la gelée, ou l'ont fait mariner comme du chevreuil ; mais tous ces préparatifs ne suffisent point pour que le renard devienne jamais un gibier, et que M. Gouffé introduise dans son *Livre de cuisine* la recette pour l'accommoder à une sauce quelconque ; et d'ailleurs, la chair du renard est un désagréable laxatif.

De tout ce qui précède, il résulte que les renards sont des animaux nuisibles... même après leur mort.

On ne saurait donc leur faire une guerre trop active et trop meurtrière ; car ils portent de très grands préjudices à l'homme civilisé, en détruisant ses récoltes et les oiseaux ou animaux utiles à sa nourriture et aux autres vues de la nature.

La chasse aux renards est indubitablement une de celles qui sont le plus amusantes ; et comme ils répandent des odeurs très fortes, rien n'est plus facile que de découvrir leur gîte, placé toujours dans des boqueteaux à quelques portées de fusil des habitations.

C'est pendant l'hiver, à dater de décembre jusqu'à la fin de mars, que l'on chasse les renards avec une meute ; mais en toute saison, à quelque moment que ce soit, un garde ou un chasseur ne permettra jamais à un renard de lui échapper. Ce sont des animaux mis au ban de la loi.

On leur fait donc la guerre de mille façons ; et entre autres, sans compter les pièges et les assommoirs, à l'affût, à l'aide de chiens courants qui le forcent, et à coups de fusil.

J'ai déjà dit qu'il fallait avoir soin de fermer toutes les ouvertures : si malgré tous vos soins le renard s'est terré, voici ce qu'il faut faire le plus prestement possible. Vous couplez vos chiens et les allez attacher à quelque arbre, à cent cinquante pas de là, de façon que les aboiements, s'ils ont lieu, ne parviennent pas jusqu'au terrier, et, cela fait, vous bouchez tout hermétiquement, à l'exception d'un orifice, du côté d'où vient le vent. Ensuite on tire de son carnier une mèche soufrée, — qu'un vrai chasseur de renard doit toujours avoir dans sa gibecière, — et on la coule tout allumée dans la gueule restée ouverte. On jette alors du papier, des feuilles desséchées et des herbages, de façon à augmenter la fumée ; puis on bouche le trou , on le charge de terre , afin que rien ne puisse sortir, et l'on peut aller se promener pour ne revenir que le lendemain. A peu d'exceptions près, en rouvrant la gueule où l'on a mis le feu, on trouvera la bête morte, asphyxiée.

La chasse la plus amusante faite au renard est, sans contredit, celle que l'on pratique avec des chiens courants. Le pied du renard, comme on peut s'en convaincre facilement, ne diffère sensiblement de celui du loup que par cette seule raison qu'il est plus petit. Il marque mieux en avant, et le talon n'est perceptible que dans les terrains gras, où il peut s'enfoncer. Les pieds de devant sont plus grands que ceux de derrière, et ne se « méjugent » jamais tant que la bête va d'assurance.

C'est pour cette raison que la chasse au renard est très facile, surtout si celui qui l'entreprend a dans son chenil de bons chiens de race anglaise, et même de race française, dressés à cet usage.

Ceux que l'on estime le plus en France sont noirs , marqués de feu à la gueule et aux jambes ; leur naturel est vif, hardi et très entreprenant ; ces chiens-là sont hauts sur pattes et assez rapides.

Eu égard à la puanteur du renard, les chiens peuvent le suivre de très près, et dès lors, quelque ruse qu'il mette en jeu, il est bientôt à bout de voie, à moins qu'il ne trouve un terrier dans lequel il se glissera.

Un vieux renard cependant, grâce à la vigueur de ses jarrets, peut mener loin une meute et ceux qui l'accompagnent ; mais pour obvier aux désagréments d'une bête manquée il est bon d'établir des relais sur la fuite possible que ferait l'animal.

Si l'on chasse un renard dans un boqueteau, on peut être assuré par avance qu'il n'y tiendra pas, et qu'il se hâtera de fuir vers un plus grand pour trouver plus de moyens de se défendre. Il est urgent de placer un relais dans le voisinage des terriers, car le renard y passera infailliblement pour tenter de s'y glisser.

Lorsqu'on veut chasser un renard, il est indispensable, pendant la nuit qui précédera cette partie de plaisir, de faire boucher toutes les gueules de terriers connus sur le territoire. A cet effet, à l'aide d'une pelle, on fait tomber la terre sur les orifices, et l'on y emmêle des épines noires. Certains gardes emploient même tout bonnement un petit piquet fendu, dans lequel ils implantent une carte ou un morceau de papier blanc; cela suffit pour effrayer le renard.

Dès que cela a été fait, au moment où le soleil commence à sécher la rosée, on peut ouvrir le chenil et commencer la quête, non pas très loin des habitations, mais, au contraire, dans les buissons qui avoisinent les villages et les fermes, et particulièrement sur les bordures. Il est facile de comprendre que, quand un renard a passé par là, la meute empaume très facilement la voie et que la chasse doit très bien aller.

Voilà le renard lancé : appuyez vos chiens de près, et faites en sorte d'amener la bête dans l'endroit où sont placés les relais.

Les chiens, — à peu d'exceptions près, — relèvent d'eux-mêmes les défauts sans être aidés par le piqueur. Il faut seulement donner successivement les relais, dès que la meute a passé sur la voie chaude.

Un de nos auteurs cynégétiques les plus appréciés, le Verrier de la Conterie, assure que le renard serré de près, et ne pouvant se terrer, lâche ses excréments, dont l'odeur infecte ralentit pour un instant l'ardeur des chiens. Est-ce vrai?

Si le renard rencontre un courant d'eau sur sa route, il s'empresse de s'y jeter; mais on relève facilement le change de l'un ou de l'autre côté de la rive; et dans le cas où les chiens ne trouvent rien, on doit chercher dans les cavités, sous les racines des arbres, et sur les îlots qui peuvent exister au milieu de la rivière ou de l'étang.

Dès qu'on a aperçu le renard, il faut le montrer aux chiens,

en ayant toutefois le soin de le faire sortir de sa retraite, car
la meute pourrait bien être éborgnée si le renard faisait tête
dans cet asile où son corps serait à l'abri.

On chasse également le renard avec des chiens bassets,
mais ce n'est pas pour le forcer ; le seul désir des chasseurs
est de le tuer au fusil. C'est à l'aide de briquets qu'on pratique cette chasse ; car, grâce à l'allure lente de ces chiens,
le renard ne se presse pas, tient longtemps dans le même
fort, va d'ici, revient par là, et finit toujours, dans un temps
donné, par être aperçu d'un des chasseurs, qui lui loge un
coup de fusil quelque part. Dans le cas contraire, si la bête
était menée trop vite, elle ferait une percée et se hâterait de
se terrer.

Voici un avis important à donner à ceux qui chassent le
renard au fusil, relatif à leur vêtement. Qu'on se garde d'avoir
sur soi, non pas une veste blanche, mais même une chemise
de cette couleur et une cravate rouge ! Le renard est peut-
être celui de tous les animaux qui a la vue la plus perçante
et l'odorat le plus subtil. Aussi, avec la condition de l'ha-
billement, y a-t-il encore celle de la place ; j'entends par
là qu'un chasseur qui connaît son affaire doit toujours se
mettre à bon vent et ne pas oublier non plus de se tenir
sur les doubles voies, car il est d'usage que la bête re-
vienne par le même chemin, surtout si elle n'a pas été tirée
ou effrayée.

Lorsqu'on chasse dans un pays de montagnes, et qu'il y a
une gorge par laquelle il est indispensable au renard de
passer pour se rendre d'un bois à un autre, ce poste doit
être occupé par un bon chasseur, qui s'y tiendra, quelle que
soit la direction que prenne la chasse. Choisir son gîte, s'y
tenir coi, écarter devant soi toutes les branches qui pourraient
empêcher le tir : telle doit être avant tout la précaution d'un
chasseur.

Si l'on a le bonheur d'entendre jacasser des pies et des
geais près de l'endroit où l'on attend, on doit faire la plus
grande attention à droite, à gauche et devant soi, car infailliblement maître renard n'est pas éloigné.

Quelle est la cause de cette trahison? Les uns l'attribuent à la haine et au désir de vengeance, car les renards se gênent fort peu pour happer une pie ou un geai au passage, s'ils les trouvent couchés sur une branche peu élevée.

On prend également les renards dans leur demeure souterraine, à la façon des blaireaux, soit en fouillant la terre, soit en introduisant des chiens terriers dans la gueule. Mais, tandis que les bonnes bêtes fouillent les boyaux, leurs·maîtres doivent se tenir sur leurs gardes, le doigt sur la détente de leur arme, car il arrive souvent que le renard déboule comme un lapin. Le plus souvent l'animal se laisse creuser, et, n'ayant pas une mort glorieuse comme celle que l'on trouve au champ d'honneur, il périt entre les pinces qui, la veille, ont happé un blaireau.

Je ne parlerai de la chasse silencieuse, « l'affût », que pour recommander à ceux qui la pratiquent de bien prendre leurs précautions, afin de n'être ni vus ni éventés.

Il y a plusieurs sortes d'affût. Celui que l'on appelle un carnage se pratique à l'aide d'une charogne quelconque, — non point une charogne qui pue, mais bien une bête, poule, lapin, agneau même fraîchement tués, que l'on place au milieu d'une clairière, à bonne portée de fusil, et près de laquelle on va s'embusquer par une belle lune. Certains amateurs se cachent sous une hutte portative.

L'affût *à la traînée* se fait à l'aide d'un paquet de tripailles de lièvre, de lapin, de mouton même, que l'on traîne sur le terrain fréquenté par les renards, et qu'on laisse à un endroit convenu, vis-à-vis du poste que l'on a choisi. Cet affût est particulièrement en usage dans le midi de la France, au milieu des Alpines, peuplées de renards, à qui les paysans et les gardes font une guerre incessante et pourtant infructueuse, car ces animaux ont cruellement aidé aux braconniers à dépeupler les départements de la vieille Provence.

Cet affût *à la traînée* réussit d'autant mieux, que l'on a le soin de jeter de distance en distance, sur la voie, des croûtes de pain frites dans le beurre ou le lard, que l'on a la précaution de prendre dans le plat avec une fourchette et non point avec les doigts.

L'affût *au passage* est encore un de ceux que les gens des pays montagneux pratiquent le mieux et le plus souvent. Ils vont, pour cela, se poster dans les gorges par lesquelles s'ouvrent les sentiers qui descendent dans la plaine et que fréquentent les renards. Il faut, pour réussir, avoir la main preste et l'œil juste.

Dans les campagnes, l'affût *au passage* se fait au coin d'un bois : certains chasseurs très habiles imitent le cri d'un lièvre, et attirent ainsi le renard avec une certitude qui étonne celui qui n'a pas encore assisté à pareille fête.

J'ai connu un vieux Nemrod des environs de Montpellier qui, dans les paluds voisins, « frouait » tous les oiseaux de passage sur la terre ferme, amenait en chantant les perdreaux rouges jusque sur son dos, et qui, sur les montagnes qui descendent le long de l'Hérault, pipait et « dupait » les renards sans jamais en manquer un. Cet homme vit-il encore? Je ne saurais le dire, mais indubitablement il a eu, sinon des enfants, du moins des imitateurs.

Pour mettre à mort la terreur de nos poulaillers, il y a encore des pièges, pièges de fer de la maison Moriceau ou autre, *hameçon, traquenard* (traque renard), *assiette de fer*.

Le traquenard est le plus usité de tous les pièges. Qu'on se figure, — je parle pour ceux qui ne le connaissent pas, — un de ces instruments dont se servent les enfants, une « guimbarde », mais en grand, fabriquée avec du fin acier, et dont les deux cercles mobiles se tendent à l'aide d'un ressort placé à l'axe des deux branches recourbées au haut du manche.

Je renvoie, pour ceux qui voudraient savoir la façon de tendre les pièges, au livre de Hartig, un Allemand qui en sait long sur cette matière, et dont M. Baudrillard s'est inspiré dans son curieux dictionnaire.

Je me bornerai à recommander à ceux qui voudront employer les pièges pour la destruction du renard, aussi bien

que pour toutes les *vermines* de bois, de tenir ces « instruments » en très bon état, bien polis et graissés avec du sain-
doux. — « Un piège rouillé n'a jamais pris grand'chose, »
me disait un habile garde ; et il avait raison.

Pour amener le renard à l'endroit où le piège est tendu,
il faut employer la traînée, c'est-à-dire promener par terre,
appendues à une corde, des entrailles de lièvre ou de lapin,
de poulet ou de dindon même. On opère de la sorte, sans
placer le piège à l'endroit choisi, pendant quelques jours ;
puis, dès qu'on est convaincu que le renard ou les renards ont
touché à la tripaille, on tend le piège, que l'on a eu le
soin de ne prendre qu'avec des gants frottés à l'aide d'une
composition de fressure cuite dans du beurre et mêlée à de
la croûte de pain pulvérisée.

En employant tous ces moyens, on réussit d'ordinaire à
prendre et à mettre à mort, les uns après les autres, tous les
renards d'un canton.

Un avis important, c'est qu'il ne faut ni fumer ni cra-
cher dans les environs de l'endroit où l'on tend le piège, et
enfin qu'il est indispensable, — si le sol est couvert de
neige, — de ne point trop fouler la surface glacée, et de
s'en revenir dans les mêmes voies que celles qu'on a suivies
pour arriver.

Dans certains pays où les renards abondent, et où ces
rusés compères dédaignent les appâts qu'on se fait un vrai
plaisir de leur offrir, on a recours à des *gobbes* empoisonnées.
Ces gobbes sont fabriquées d'ordinaire à l'aide de mie de
pain pétrie dans de la graisse d'oie ou de canard, à laquelle
le garde préparateur ajoute du camphre en poudre et de la
noix vomique.

Lorsque les renards avalent ce « bocon », ils sont perdus ;
mais il y a aussi des chiens qui passent par là, chiens de
bergers ou chiens de prix, qui se laissent tenter par cette
boulette appétissante, et eux aussi, les braves bêtes, trouvent
la mort une fois leur gourmandise satisfaite.

Le moyen le plus simple est de se pourvoir de taupes ou
de rats, de les ouvrir ou d'insinuer parmi leurs entrailles,

délicatement et avec précaution, de la noix vomique pulvérisée. Cela fait, on rapproche les parties incisées à l'aide
d'une aiguillée de fil, et prenant l'animal par la queue, on le
porte à l'entrée d'un terrier, ou bien le long des sentiers du
bois par lesquels s'aventurent les rôdeurs quadrupèdes.

J'ai vu, certain matin, un renard qui avait avalé sans la
mâcher, — suivant l'habitude de ses congénères, — une de
ces gobbes, se tordre au soleil, près du bois de Ville-d'Avray,
dans les dernières convulsions de l'agonie. Il poussait des
gémissements à fendre l'âme... de l'un des siens.

Par *vulpanité* je me crus obligé de lui adresser un coup de
fusil et de mettre fin à ses douleurs.

Je n'avais pas compris tout d'abord la cause des trémous-
sements auxquels il se livrait. Ce fut seulement après l'avoir
dépouillé que le garde du parc de la Marche, chez qui je
l'avais porté, découvrit le « pot aux roses », sous la forme
d'une taupe empoisonnée, dans les entrailles de maître Fox,
un très beau charbonnier dont la peau est encore sous mes
pieds à la place où j'écris ce livre, en priant mes amis d'excu-
ser les fautes de l'auteur.

Certes, les plaisirs d'une chasse au lièvre poursuivi, dans
ses mille et mille randonnées, par une meute de *beagles*
sont aussi émouvants qu'on puisse les rêver; une chasse au
chien d'arrêt, soit à la quête d'un faisan, d'une bécasse ou
d'un coq de bruyère, procure des joies infinies; on en dira
autant des combats livrés à ces races voyageuses, qui
viennent et s'en vont chaque année sur nos marécages,
depuis le cygne aux blanches ailes jusqu'à la sarcelle aux
plumes d'émeraude; mais il est encore pour le vrai sports-
man un bonheur indicible, c'est celui d'une chasse au renard.

En Angleterre, où les cerfs sont rares, surtout dans les
Lowlands, car ces animaux se sont réfugiés dans les glens
de l'Écosse et les forêts inaccessibles des Highlands, la
chasse à courre, n'étant plus possible, est abandonnée, et se
borne seulement à celle du renard.

A dire vrai, pour nos voisins d'outre-Manche, cette chasse

prime par-dessus toutes les autres. Nous devons avouer que cet exercice développe les qualités du cheval et de celui qui le monte : c'est, pour un Anglais, la chasse du gentleman, autrement dit, la chasse comme il faut.

En parcourant les journaux de sport de la Grande-Bretagne, on peut se rendre compte du nombre étourdissant des meutes de chiens que l'on entretient à grands frais dans le Royaume-Uni, dans tous les comtés divers de l'Angleterre et de l'Irlande, et si on lit le compte rendu de ces chasses, on ne peut qu'être édifié sur la passion avec laquelle tous ces *fox hunters* se font un devoir de ne jamais manquer un rendez-vous.

Tout propriétaire qui se donne le luxe d'une meute à courre le renard assume une grande responsabilité, car, pour offrir un vrai plaisir à ses amis, il doit veiller à l'entretien de sa meute, à son éducation, et enfin, pour lui-même, apprendre de plus savant que lui l'art de bien conduire une chasse depuis son début jusqu'à la prise de l'animal.

Pour le plus grand nombre des chasseurs, pour les invités du gentleman, l'unique attrait, c'est la chasse elle-même ; le grand talent, c'est celui de suivre les chiens au plus près et de se trouver un des premiers à la mort.

Pour nous, si nous aimions ce genre de plaisir avec autant d'acharnement que les Anglais, nous serions guidés à la fois par le désir qui anime les invités d'un vrai *fox hunter,* et par celui d'étudier les ruses de cet animal, le plus rusé de tous ceux que le Créateur a placés sur la terre.

Pour chasser un renard, la meute, accompagnée du piqueur et des valets de chiens, se rend sur le terrain de chasse avant même l'heure fixée. Un quart d'heure après, tout au plus, le maître de la meute se présente, soit en voiture, soit à cheval, et est *wellcome,* c'est-à-dire bien reçu par les grooms, les piqueurs et toute la maison réunie sur la route.

La scène ne tarde pas à devenir très intéressante. De nombreux cavaliers arrivent de tous côtés au rendez-vous donné. Les uns, — ce sont les novices, — ont lancé leur cheval au galop, de peur d'être rendus trop tard; leur bête est couverte de sueur, et cela les ennuie; les autres, familiarisés de longue main avec cette chasse favorite, ont conservé un calme flegmatique qui, — à nos yeux, — passe pour de la froideur. Ce calme, bien au contraire, décèle les qualités foncières d'un chasseur au renard. Si celui-ci paraît glacial aux yeux de ceux qui l'observent, c'est qu'il possède le sang-froid, la patience, l'expérience, le tact et la résolution qu'aucun obstacle ne rebute.

Regardons autour de nous maintenant, et nous apercevrons la meute tenue en laisse à une certaine distance. Les chiens semblent impatients de se voir découplés, et les valets ont toute la peine du monde à les contenir à l'aide de leurs fouets.

L'animation de cette scène s'accroît par l'arrivée des dames qui prendront part à la fête cynégétique, les unes en suivant la chasse en voiture, les autres en poursuivant le renard à cheval, revêtues de leur costume d'amazone. D'ailleurs la présence des dames doit encore augmenter l'entrain des chasses et égayer la fête. C'est l'ordinaire partout où nous nous trouvons en compagnie de femmes aimables et d'un monde choisi.

La matinée est délicieuse, une rosée abondante couvre le sol, et tout porte à croire que le nez des chiens ne trouvera aucun obstacle pour bien empaumer la voie. Le soleil s'est levé, — fait rare en Angleterre, — et l'impatience est à son comble.

J'ai oublié de dire, — mais tout le monde sait cela, — que si le costume des dames est *ad libitum*, celui des hommes est invariablement composé d'une toque noire en velours, d'un habit rouge-écarlate, de culottes (*proh pudor!* autrement dit *shocking* en anglais) de peau de daim et de bottes à revers.

La chasse va commencer. De nombreux piétons se sont portés sur les hauteurs, à une légère distance; les chiens, avec leurs valets et le piqueur au premier rang, n'attendent plus que le signal, et le bois dans lequel on va pénétrer est parfaitement gardé.

La maîtresse du logis s'est un peu fait désirer : il ne faut pas lui en vouloir, elle est un peu paresseuse; mais n'importe, elle a voulu suivre la chasse et arrive dans une carriole admirablement suspendue. La voici au milieu des chasseurs.

« Hurrah! hurrah! *Good morning !* »

Dès ce moment l'impulsion est donnée. Les chiens relèvent la tête et secouent les oreilles ; leurs yeux se promènent autour d'eux, et tandis que les invités échangent entre eux les politesses d'usage, la meute s'agite autour des jambes des piqueurs.

Les valets des chiens commencent à se mettre en mouvement, et vont occuper les postes qui leur sont assignés sur la lisière du bois. Ils pénètrent dans l'enceinte, et la barrière est levée.

Il se fait alors un mouvement général parmi les chevaux et les cavaliers. Le gris pommelé paraît plus beau que jamais, et, comme celui qui le monte, il est tout ardeur, tout feu. L'alezan, vieux coursier de grande chasse, qui s'est trouvé à plus d'un hallali, est calme et prudent, tout en étant prêt à s'élancer au premier signal, et on le verra faire tout ce qu'il est possible pour prendre la tête au départ. Le petit bai est impatient; mais avant qu'on sonne la mort il aura fait plus d'une chute, tandis que le brun martelé, avec ses jambes si fines, sa résolution infatigable et sa vigueur sans pareille, conduit par un habile cavalier, s'élançant le dernier de toute la chasse, n'en arrivera pas moins le premier à l'hallali, après avoir franchi haies, barrières, fossés, tranchées et ruisseaux.

Le piqueur a fait découpler les chiens, et ces animaux se sont jetés dans la direction que leur ont indiquée les cris des valets. Leur quête s'entend dans tous les coins du bois, au milieu de chaque fourré. Un des chiens a donné de la voix... Mais c'est une fausse alerte; d'ailleurs c'est un jeune chien, et les vieux grognards du chenil n'ont pas bronché.

Quelques instants après, un coup de gueule se fait entendre. Pour le coup, il n'y pas à se tromper : c'est celle du vétéran qui a donné son avis, et il est suivi par les meilleurs chiens, qui empaument la voie sans hésiter.

Le renard, sur pied, se glisse le long de la lisière du bois à pas lents et comme s'il quittait sa demeure à regret, — cela se comprend ; — puis, s'il est serré de près, il s'élance, prend le large, et laisse loin derrière lui les chiens et les chasseurs.

Bientôt cependant, après un premier élan, maître Fox revient sur lui-même et cherche une autre direction. L'on doit s'attendre à un temps d'arrêt, et si la meute, dans l'ardeur de sa poursuite, s'est jetée tout à coup volte-face pour retourner sur sa voie, le piqueur remarque, dans le cas où la nature du terrain le permet, la position et les allures des chiens qui sont en tête, pour mettre la meute à même de reprendre la trace, si elle l'a perdue.

Le renard, après maint tour et détour, a pris de nouveau le large ; il fuit avec la rapidité du vent, bien qu'il n'ait plus la meute à ses trousses. Ceux qui ont retrouvé la voie franchissent la barrière et la suivent avec une ardeur nouvelle.

Le piqueur est avec eux, et les valets rallient les traînards. La scène devient des plus animées : les bois retentissent du cri de *tally-hoo !* — le tayaut ! français, — qui signifie : Ralliez-vous ! chaque cavalier prend une direction : ceux qui ont plus de résolution que les autres piquent droit en avant, en suivant la meute, mais sans se mêler en rien à elle.

Le vieux chasseur qui connaît à fond le pays, ses fossés, ses barrières et ses labyrinthes, préjuge le point où aboutira le renard et s'y porte par le meilleur chemin.

Les plus intrépides galopent en tête des chiens, en les encourageant de l'exemple et de la voix.

La troupe, poursuivant sa course, semble se perdre dans l'éloignement ; mais les cris de : *Draw back* (volte-face, retour) se font entendre, et la chasse revient sur ses pas.

Le renard a fait un crochet et retourne en arrière.

Les voitures se sont arrêtées, et les dames attendent ce qui va se passer. Voici maître Fox qui longe la barrière en face des chasseresses, et celles-ci le voient franchir la clôture et chercher un refuge vers son terrier. Par malheur pour lui, les gardes ont eu le soin de boucher toutes les gueules.

La meute arrive sur ces entrefaites, les cavaliers la suivent à toute bride ; quelques-uns longent les allées du bois ; d'autres parcourent la lisière d'un côté ou de l'autre : bientôt on les a perdus de vue ; puis on entend les cris : « Débuché là-bas ! »

Ces cris sont accompagnés du bruit des cornets de chasse ; puis d'instants en instants ces sons deviennent plus faibles ; on les entend à peine par intervalles.

Pressé par ses ennemis, le renard a pris un parti : il s'est éloigné des lieux qui l'ont vu naître, et les chiens le poursuivent à outrance, accompagnés par les cavaliers.

C'est alors que commence le vrai *steeple-chase,* car le vieux renard va conduire ses ennemis acharnés à travers mille accidents de terrain ; il les amènera au milieu des terres humides et marécageuses, dans les méandres multiples du bois, à travers les sentiers impraticables. Il entrera jusque dans les chaumières et les basses-cours, employant toutes les ruses que son instinct et l'expérience lui ont enseignées.

« *Take care !* s'écrie un vieux cavalier à un novice qui ne connaît pas les lieux qu'il parcourt. Il y a là une barrière au delà de laquelle est un fossé profond. »

Le conseil est inutile : il est arrivé trop tard, car le coursier lancé n'a pu franchir la barrière : il est tombé de l'autre côté, et le jeune chasseur s'est enfoncé dans la boue et dans l'eau, tandis que le sage gentleman, déviant un peu, soit à gauche, soit à droite, prudent et de sang-froid, s'est tiré de ce mauvais pas et s'est retrouvé en tête de la chasse.

Un second chasseur arrive encore à l'endroit fatal : la jument qui le porte et lui-même roulent ensemble dans le fossé.

Mais ils sont tous les deux solides : le cavalier tient ses rênes d'une main ferme, le cheval se relève et emporte son maître ruisselant d'eau et de fange.

Ici c'est un cheval rétif qui se dérobe ; là un autre qui s'arrête court, et amène, par le contre-coup, son cavalier à cheval sur sa tête. Ce troisième est au moment de sauter la barrière, mais son maître l'a retenu.

Les piqueurs et les valets ont vite laissé l'obstacle derrière eux. Quelques-uns ont tourné le fossé ; d'autres ont passé par-dessus et ont rejoint le meute.

« *Halt ! halt !* les chiens sont en défaut. »

Tout va dépendre maintenant de l'habileté et de l'expérience des piqueurs et des valets pour rallier les chiens.

Le chef des piqueurs est en avant, avec le maître de l'équipage ; le second se tient en arrière. Les chiens sortent du bois ; il les rassemble, les relance ; car, laissés à eux-mêmes, ils suivraient au contraire la première voie venue, et c'est là ce qu'il faut éviter.

Le piqueur observe toujours la direction des chiens en tête, et s'il s'arrête par intervalles, avec le désir de laisser reprendre haleine à la meute, ces haltes sont fort courtes.

Écoutez les aboiements des chiens restés en arrière : semblables aux soldats d'une armée en déroute, que le tambour rallie autour de leur drapeau, ils reviennent au son de la trompe, et on les relance de nouveau.

Ils ont retrouvé la voie toute chaude : le premier chien s'y précipite.

« Hector va bien, crie le piqueur, Jack le suit ! quels bons chiens ! Turck a pris la voie, Cortilo aussi ; bons chiens, bons chiens !

— Hurrah ! hurrah ! s'écrie-t-on de toutes parts. Ici ! de ce côté ! Écoutez. »

Les aboiements de la meute redoublent ; les chiens se sont remis sur la trace : ils semblent ne plus respirer, tant ils courent vite. Le moment du danger est venu pour la vie du vieux renard.

Les cœurs de tous les chasseurs se sont ranimés ; leurs chevaux ont repris une ardeur nouvelle : c'est là une dernière, une rude épreuve, pour la force, l'énergie et l'habileté de chacun.

Souvent les chevaux qui ont moins de nerf sont laissés en arrière, et se voient distancés par des cavaliers moins expérimentés.

Dans ce moment suprême, le véritable amateur de la chasse s'élance en avant, animé d'une ardeur sans pareille ; son cheval bondit à travers tous les obstacles ; il traverse les terrains les plus mous, franchit les fossés, les murailles, les barrières.

Chaque minute rend plus imminent le danger que court le renard. On l'aperçoit en ce moment : il est presque noir de boue et de sueur ; son poil ruisselle, et ses infatigables ennemis le serrent toujours de plus près.

L'infortuné quadrupède cherche à atteindre un terrier bien connu et parfaitement sûr ; il se jette dans un taillis épais, puis traverse une pelouse et tourne à gauche, afin de couper au plus court.

Le lieu où il doit être en sûreté est tout au plus à trois cents mètres ; il n'a plus que deux champs à traverser ; il gravit le terrain en pente, se précipite vers le talus qui entoure le bois où se trouve son refuge.

Les chiens sont à ses trousses, presque hors d'haleine. Il a atteint le dernier champ...; un moment encore, il est sauvé.

Hélas ! Hector est sur lui ; il s'élance ; la meute se précipite comme une avalanche, et le vieux renard, étranglé, meurt sans pousser un cri.

En ce moment, le piqueur arrive au milieu de ses chiens. Il élève le corps du vaincu au-dessus de sa tête, et les valets, les chasseurs les plus avancés, complètent le groupe pittoresque de l'hallali.

Le cri : *Dewo-hoop !* poussé par chacun de ceux qui arrivent, est répété dans la plaine par les chasseurs, qui se hâtent d'accourir pour assister à la curée, et ce cri est répété par tous les échos d'alentour.

Il est impossible de terminer cet article sans parler de la chasse au renardeau qui se fait au mois d'août. On a eu le soin de boucher les terriers comme pour les grandes chasses, et on conduit les chiens au bois dès le matin.

Généralement ces chasses sont peu nombreuses, car il ne faut pas trop de monde pour réussir.

Suivez-moi maintenant, ami lecteur.

Tout est en joie et fraîcheur dans la nature; les rossignols chantent sous la ramée; les fleurs des champs exhalent de délicieux parfums.

A cette heure du jour la voie du renard est plus forte, et les jeunes chiens seront plus faciles à conduire.

Les sous-piqueurs se sont placés sur la lisière du bois, pour empêcher les chiens d'en sortir et de faire des dégâts dans les blés qui n'ont pas été coupés.

Les renardeaux, on le sait, ne consentent pas à être débusqués, et quand ils y sont forcés, ils reviennent sur leurs pas à l'endroit même du lancé. Si c'est un vieux renard, il n'hésitera pas à sortir du bois tout d'abord; et souvent une mère, dans un cas pressant, prendra son petit dans sa gueule et s'enfuira de toutes ses forces, allant querir un refuge pour elle et pour lui.

La chasse au renardeau se faisant toujours dans les bois, c'est un spectacle étonnant, même pour un chasseur à pied, lorsqu'il voit les jeunes chiens, aidés par l'expérience des vieux chiens, prendre la voie de l'animal.

Voyez-les poussant d'abord de ce côté, puis se précipitant de l'autre, enfilant tous les labyrinthes des bois qu'ils parcourent et traversent en tous sens, tandis que les échos, réveillés par leurs cris joyeux, qui se mêlent à la voix des hommes, font bouillonner le sang dans les veines de tout vieux chasseur.

Lorsqu'un renardeau est mis à mort, le piqueur le prend et crie aussitôt :

« *Wo-hoop!* Hallali ! »

Ce cri parvient aux oreilles des valets de chiens, qui se hâtent d'accourir pour rallier la jeune meute.

Si, comme cela arrive souvent et presque toujours même, les chiens se trouvent à d'assez grandes distances les uns des autres, le renardeau est suspendu à un arbre, hors de la portée des vieux chiens. On rassemble les traînards dans un endroit découvert et spacieux, et là le piqueur procède à la curée, en ayant soin de donner la meilleure part aux jeunes chiens, et particulièrement à ceux qui sont craintifs et ti-mides.

XVI

UNE CHASSE EN BALLON

Rien n'est plus excentrique qu'un Américain, si ce n'est...
deux Américains. Nous l'allons prouver tout à l'heure. Je
n'en donnerai pour exemple, avant de passer à la preuve,
— si preuve il y a, — que l'idée bizarre de la chasse aux
bisons... en chemin de fer ; et je traduis le paragraphe suivant du journal illustré de MM. Harper, de New-York, qui
fait accompagner une gravure du texte suivant.

« Le grand plaisir des voyageurs qui traversent les Prai-
« ries, sur le chemin de fer du Pacifique, est de chercher
« dans les plaines du Kansas, non loin de Fort-Hayes, les
« hardes de bisons qui se plaisent à cette époque de l'année
« dans les *canons* de ce pays sauvage. A peine le conducteur
« du convoi aperçoit-il, le long de la route ferrée, un de ces
« troupeaux de ruminants, qu'il arrête la machine, et que les
« passagers, — tous généralement munis d'armes à feu pour
« se défendre contre les attaques des Peaux-Rouges, —
« abaissent les vasistas des wagons, et ouvrent le feu contre
« ce gibier rangé en bataille et examinant avec anxiété ce
« ce qui se passe sous ses yeux.

« Cette expectative n'est généralement pas longue, et le
« troupeau fuit rapidement ; mais il arrive parfois qu'un

« bison plus audacieux que les autres fait tête au convoi,
« et vient se faire tuer à deux pas de la machine.

« Lorsque la chasse est finie, on va ramasser le gibier,
« que l'on dépèce dans un wagon de bagages, de façon
« que chacun ait sa part. Il va sans dire que les chas-
« seurs ne manquent pas de se quereller, affirmant qu'ils
« ont tiré mieux les uns que les autres.

« On a vu des dames qui se trouvaient par hasard dans
« le convoi se joindre à ces chasseurs excentriques, et ce
« ne sont pas les moins disposées à réclamer le prix de
« leur adresse. Il va sans dire que les gentlemen sont tou-
« jours disposés à reconnaître les droits du beau sexe. »

Après la *chasse aux bisons en chemin de fer,* qu'y a-t-il
d'extraordinaire que les Yankees aient imaginé la *chasse en
ballon?* Eh ! mon Dieu, le tour est bien simple : comme,
pour faire un civet de lièvre, il faut un animal de cette
espèce, de même, pour chasser en ballon, il faut un *aérostat.*
Il n'y a qu'un obstacle à cette nécessité absolue, c'est qu'un
ballon coûte beaucoup ; mais un hardi Américain ne s'en
tient pas à ces bagatelles : une spéculation est une fantaisie
qu'il se paye très volontiers.

En 1869, le courrier d'Amérique m'a apporté une lettre
dont le contenu m'eût étonné s'il ne fût pas venu de l'autre
côté de l'Océan.

Je copie cette lettre, en traduisant textuellement le texte
anglais.

« Deux amateurs d'aérostation, MM. Fergus et Thompson,
avaient fait construire un ballon dans le but de traverser les
Prairies et de se rendre sur les côtes du Pacifique. Munis
de provisions de toutes sortes, bien lestés de toutes façons,
les deux amis, — *Arcades ambo,* — partirent le 5 décembre
de Toronto (Canada), à quatre heures du soir, par un temps
superbe.

« Les voilà bientôt perdus dans l'espace ; mais, à la rapidité de la course, ils comprirent que la zone atmosphérique
dans laquelle ils se trouvaient était favorable à leurs projets.
Ils allaient, ils couraient, et la nuit se passa ainsi ; si bien

que, vers le matin, ils avaient traversé le lac Michigan vers la pointe qui borde Chicago, et s'avançaient triomphants du côté de Peoria.

« Vers dix heures du matin, ils avaient franchi quatre cents milles, et le ballon ne paraissait pas avoir perdu de son volume ni de sa force.

« Entre Burlington et Monti, MM. Fergus et Thompson aperçurent un village indien composé d'environ deux cents huttes, et au moment où ils passaient au-dessus de cette tribu de Peaux-Rouges, quelques coups de rifle furent tirés en l'air par les guerriers, qui paraissaient stupéfaits, et prenaient certainement l'aérostat pour un oiseau géant ou un monstre inconnu. Les squaws et les enfants se serraient les uns contre les autres, manifestant la plus grande terreur.

« Les deux aéronautes s'étaient empressés de jeter du lest, et disparurent bientôt à travers les nuages, car la journée était brumeuse et la pluie tombait au-dessous d'eux.

« Vers trois heures de l'après-midi, les deux hardis aventuriers se trouvaient au-dessus de l'entrée d'un *canon*, sorte d'entonnoir formé par des montagnes, quand le vent s'éleva assez furieux, de telle sorte que le ballon était fort agité et tourbillonnait sur lui-même.

« MM. Fergus et Thompson songèrent alors à atterrir, mais ce n'était pas chose facile. Au moment où ils décrochaient l'ancre appendue à la nacelle pour la laisser pendre, de façon à pouvoir saisir une roche qui retiendrait le colosse, quelle ne fut pas la terreur de ces deux amis en apercevant deux ours gris qui faisaient entendre les rugissements les plus terribles !

« Sans prononcer une parole, sans s'être même consultés, les aventuriers sautèrent sur leurs carabines, et deux détonations couchèrent par terre le plus gros de ces deux animaux, tandis que l'autre se hâtait de fuir.

« L'aérostat, au lieu de s'arrêter, s'en allait toujours, entraîné avec la rapidité d'un éclair.

« La nuit vint, une nuit noire ; on ne voyait pas à quinze

pas devant soi, et le bruit de la pluie tombant sur le ballon énervait les deux voyageurs, qui, malgré leurs vêtements imperméables, se sentaient glacés jusqu'aux os.

« L'eau rendit l'aérostat de plus en plus lourd; aussi les deux voyageurs jetaient-ils du lest, comme le font les prodigues de leur fortune.

« Dans un moment donné, un des sacs de lest, tenu par M. Thompson, s'échappa de ses mains, et, à une secousse assez forte, son ami et lui s'aperçurent que le ballon remontait comme un trait à la hauteur d'un mille.

« Ils étaient parvenus dans une atmosphère inondée de la lumière de la lune.

« L'effet de cet astre brillant au-dessus de la région des nuages était d'un pittoresque extraordinaire. L'ombre du ballon passait sur les montagnes d'eau comme un point noir sur des vagues de feu.

« Tout à coup le calme se fit : le ballon descendait; la pluie avait cessé, et tout était enveloppé dans un voile obscur.

« Cet état de choses dura jusqu'au matin, et quand l'aube revint, nos intrépides aéronautes aperçurent, à cent mètres au-dessous d'eux, un énorme troupeau de buffalos qui paissaient tranquillement l'herbe des prairies.

« Ils firent feu, et virent rouler par terre deux énormes betons qui se débattaient dans les spasmes de l'agonie.

« Le ballon allait toujours avec la rapidité d'un train express.

« Enfin, à l'horizon, dans la direction du sud-ouest, un point noir se présenta au bout de la lunette d'approche de M. Thompson.

« — Hurrah! s'écria-t-il, nous sommes sauvés! c'est un des forts militaires de la confédération américaine qui est là devant nous; ouvrons la soupape, et descendons lentement; rien ne s'oppose à ce que nous atterrissions ici. Il n'y a pas un arbre aux alentours, aucun lac. Attention, Fergus! attention ! »

« A mesure que le ballon avançait, sa présence avait été

signalée par la sentinelle qui veillait le long de la palissade extérieure.

« Trois minutes après, tout le détachement de l'armée américaine baraqué en cet endroit sortait du fort et accourait au-devant des aéronautes.

« Les cris les plus désordonnés se faisaient entendre : « Hurrah! *Welcome, friends!* » etc. etc.

« MM. Thompson et Fergus donnèrent les indications nécessaires pour qu'on s'emparât des cordes; cela fut fait aussitôt, et, en moins de temps peut-être qu'il n'en faut pour écrire ces lignes, le ballon se couchait sur le côté, tandis que la nacelle touchait le sol.

« Les deux *chasseurs en ballon* étaient devant les palissades de Fort-Indépendance, sur les frontières de Nebraska.

« Je laisse à penser la fête que la garnison fit aux deux compatriotes qui leur tombaient du ciel sans crier gare.

« Le capitaine Adam Smart, commandant du fort, leur offrit la plus cordiale hospitalité, et leur promit de regonfler leur ballon avec du gaz qu'il fabriquerait exprès pour eux, grâce aux nombreuses mines de charbon desquelles la garnison tirait son chauffage et son éclairage, mines précieuses qui se trouvent situées à une demi-lieue seulement de Fort-Indépendance.

« Il paraît que MM. Fergus et Thompson ont l'intention formelle de continuer leur voyage, et de s'en aller, pour la seconde étape, au pays des Mormons, sur les bords du lac Salé, en passant par-dessus les montagnes Rocheuses.

« Dans cette première partie du voyage des chasseurs aériens, faite en soixante heures, la distance franchie a été de huit cent cinquante milles.

« Il n'y a que les Yankees pour surmonter de pareilles fatigues et braver des périls aussi grands. Comme Gusman, ils ne connaissent point d'obstacles. »

XVII

LES DEUX AFFUTS

Ce que je vais raconter à mes lecteurs n'est point un conte inventé à plaisir, c'est un drame véritable. Tout s'y trouve, jusqu'aux noms propres, qui m'ont été transmis par un de mes amis, M. A... C..., dont le frère, qui demeure aux grandes Indes, est un des plus fameux « tueurs de tigres » de la province de Calcutta, et dont je narrerai certain jour les chasses émouvantes.

Non loin du village de Botta Singarum, dans le Mulkapoor, le voyageur rencontre le long d'une route assez fréquentée, quoique fort agreste, un amas de pierres qui s'élève à deux mètres au-dessus du sol. Toutes les années le tas augmente ; car il est d'usage que chaque passant ramasse un caillou pour le jeter sur ce monticule et ajouter son offrande haineuse à celles des autres.

C'est là que fut enfouie la carcasse d'un des plus terribles *men eaters* (mangeurs d'hommes) qui aient jamais désolé le pays arrosé par le Gange.

Certain matin de 1857, un Indien vint annoncer à Annuna Sahib, un tueur de tigres sans pareil, qui se trouvait à Hyderabad, que près de Botta Singarum, un village situé à deux *coss* (quatre milles) de là, se trouvait un *burra bagh* (énorme tigre) qui avait déjà dévoré plus de quarante personnes. La veille encore une pauvre vieille femme lui servait de souper.

« *Bath Shytan hy, Sahib* (c'est un grand diable, seigneur), ajouta l'homme, car tous les « Shekarmen » et les habitants des villages l'ont cherché et ne peuvent pas le trouver. Quand ils s'en retournent chez eux, le *burra* trouve toujours moyen de tomber sur l'un des chasseurs et de l'emporter pour le manger. *Wo burra chor hy* (c'est un grand voleur)! »

Annuna Sahib prit aussitôt des informations, et reconnut pour véritables les accusations portées contre le tigre de Singarum. Dans le nombre des victimes faites par le terrible animal se trouvaient sept courriers[1] porteurs de dépêches, des gardeurs de troupeaux, surpris et enlevés de préférence au milieu de leurs bœufs, qu'il dédaignait pour la chair humaine. On ajouta même que ce cruel déprédateur ne demeurait jamais deux nuits de suite dans le même canton, et qu'ainsi il était fort difficile de le rejoindre.

Annuna Sahib ne se laissa point décourager par tous ces rapports peu faits pour rassurer; dès le lendemain il se met en campagne, et, s'avançant au milieu des jungles avec la plus grande précaution, il finit par découvrir deux « ravages » où le *burra bagh* avait pris ses hideux repas. Dans le premier de ces endroits, il y avait la moitié d'un pantalon indien en toile blanche, une sandale et un turban, le tout maculé de sang.

Dans le second, le chasseur de tigres ramassa deux bracelets en argent massif et deux *teckas* d'or (colliers) ayant appartenu à une femme mariée, récemment arrachée à la vie par le monstre.

La place paraissait très fréquentée, et Annuna Sahib résolut d'y dresser une embûche.

Dans ce but, il se procura une antilope vivante dans le

---

1 On sait que dans l'Inde le service de la poste est fait par des hommes qui portent les lettres dans des sacs de cuir, et se les remettent de lieue en lieue.

troupeau du parc d'un nabab voisin de son campement, et la fit porter au milieu d'une clairière voisine de l'endroit qu'il avait choisi pour s'y blottir.

Les deux Indiens qui avaient procédé au transport de cet appât l'attachèrent solidement par une patte, et se retirèrent en toute hâte, laissant Annuna Sahib à son poste.

La nuit était venue, et le chasseur, seul, appuyé contre un arbre, prêtait l'oreille aux bruits qui se faisaient autour de lui, rumeurs terribles poussées par tous les animaux de la jungle des Indes; mais les heures, lentes, s'écoulèrent, la nuit se termina sans qu'il vît rien venir près de la victime réservée à la férocité du tigre.

Au petit jour, l'antilope manifesta une certaine inquiétude. La pauvre bête tirait sur sa corde, se démenait à droite, à gauche, sautillait sur ses jambes de derrière, trahissant ainsi un danger prochain, et Annuna Sahib ne perdait pas de vue un instant son but; la main gauche tenait le canon de la carabine, il serrait de la droite la poignée de son arme, et avait l'index près de la gâchette.

Deux fois il lui avait semblé voir remuer les hautes herbes et les broussailles, et deux fois il avait porté la crosse à son épaule.

Tandis que le valeureux chasseur se tenait ainsi à l'affût de la bête dévorante dont il espérait délivrer ses frères, celui qui eût pu, du haut d'un des arbres élevés de la forêt, dominer la vue du paysage dans lequel se passa la scène dont je suis le simple narrateur, eût aperçu derrière Annuna Sahib les herbes se froisser, comme d'une façon à peine perceptible, puis ramper à plat ventre un énorme tigre royal, qui paraissait bien plus sûr de sa chasse que l'Indien ne l'était de la sienne.

Pauvre chasseur! la tête tournée du côté de l'antilope, il ne se doutait pas des yeux qui le menaçaient, et, tandis qu'il ne songeait qu'à l'exploit par lequel il allait ajouter un fleuron à sa couronne, le tigre devait peut-être penser qu'un homme serait une excellente chose pour son déjeuner, et qu'une antilope ne serait pas à dédaigner pour son dîner.

La chasse au tigre dans la presqu'île du Bengale.

Et ce qui était prévu, non point par l'être doué de raison, mais par la brute, fut accompli de point en point. D'un seul bond le tigre, terrassant Annuna Sahib, en quelques coups de dents lui avait ouvert le crâne, et se repaissait des chairs sanglantes de cet enthousiaste de la chasse.

Le soir de ce jour-là, quand on ne vit pas revenir Annuna Sahib au village, on commença à s'inquiéter; sa femme, — car le malheureux était marié, — supplia le riche nabab qui commandait le pays d'envoyer quelques hommes à la recherche du chasseur de tigres.

Le nabab fit mieux que cela; il rassembla un corps de cipayes qui était de passage ce jour-là dans le pays, et, à l'aide de ce secours inespéré, il fit une battue dans la jungle.

Pendant la première heure on ne vit rien que des animaux et des oiseaux, sur lesquels il avait été convenu d'avance qu'on ne tirerait point. Tout d'un coup un tigre fut signalé par quelques-uns des rabatteurs ; c'était le *burra bagh*.

Une décharge de vingt coups de feu l'étendit raide mort, et on le porta au village pour l'exposer sur la place publique, dans le but de dissiper ainsi la terreur des habitants.

Lorsque l'animal eut été hissé par les pattes de derrière aux branches d'un arbre, devant la pagode, tous les Indiens de Botta Singarum passèrent, chacun à son tour, devant lui, crachant sur sa peau et le frappant sur le museau.

Tout à coup une femme se fit jour à travers la foule, un couteau à la main : c'était la veuve d'Annuna Sahib, qui, d'une main ferme, se hissant sur une escabelle qu'elle apportait, se hâta de plonger avec rage son arme dans les flancs de l'animal.

Cela fait, elle lui ouvrit le ventre et s'arrosa le visage du sang extravasé qui emplissait sa poitrine, en poussant des cris de fureur et en disant : — *Boppery bopp!* (Dieu soit loué!) *taza be taz* (nous en voilà débarrassés); et la foule applaudissait à la rage de cette femme, qui, une fois sa besogne achevée, détacha les restes de la bête, la lia avec une

longue courroie, et la traîna sur la route jusqu'à l'endroit où
l'on avait découvert les débris humains de la malheureuse
femme mariée et les bijoux qu'elle portait, grâce auxquels
on avait reconnu son identité.

Une fois là, toute la population qui avait suivi cette malheureuse commença à jeter des pierres sur le cadavre du
burra bagh, si bien qu'en peu de temps il en était entièrement couvert.

Ce fut là le mausolée du monstre altéré de sang de Botta
Singarum.

Et celui qui m'a raconté cette histoire ajouta, comme pour
corroborer son dire :

« Je puis vous certifier que le fait est véritable, car voici
la peau du *burra bagh.* »

En parlant ainsi, M. A... C... me montrait un magnifique
tapis de pied placé devant la cheminée de son cabinet de travail, sur lequel lui et moi nous avions les pieds.

Je tressaillis, et je frissonne encore rien qu'en songeant
que je tenais sous la semelle de mes bottes le *man eater* qui
avait fait tant de victimes.

XVIII

CHASSE AUX MACAREUX

Ce sont des oiseaux aquatiques bien drôles de forme et de mœurs très curieuses que les macareux (*alca arctica*), que l'on rencontre sur les côtes et les îles de la Bretagne, auxquels les chasseurs qui viennent prendre les bains de mer et les habitants même font une rude chasse.

Qu'on se figure une vaste poche surmontée d'une tête posée sur un cou trapu, et terminée par un gros bec ayant la forme d'un triangle, le tout se tenant sur deux pattes palmées fort courtes qui servent de base à cet oiseau, ressemblant beaucoup à un pingouin.

Le mâle, à l'état adulte, a un pied de long; le bec, d'un gris de fer, est épais à sa base d'un pouce et demi; sa pointe, rouge et cannelée transversalement par trois ou quatre sillons; l'espace près de la tête, lisse et teint de bleu; l'orbite et les paupières sont rouges; les jambes, courtes, cachées dans l'abdomen; les pieds, à trois doigts entièrement unis par une membrane de couleur orangée; les ongles, d'un noir luisant. Le dessus du plumage est noir; les côtés de la tête et de la gorge sont d'un blanc grisâtre; un collier noir d'un pouce de large au-dessous de cette dernière; les plumes qui se trouvent sous le ventre sont blanches, un peu noirâtres sur les flancs. La femelle est pareille au mâle.

Telle est la description très exacte des macareux qui peuplent nos côtes de Bretagne à dater de la mi-mars, et qui se tiennent toujours à la mer à cette époque.

Vers le milieu du mois de mai, les macareux se retirent sur des îlots déserts qui bordent la Bretagne, et là, s'emparant des terriers de lapins, de toutes les anfractuosités de la roche, de tous les trous creusés dans le sol ou le sable; creusant eux-mêmes, au besoin, des places pour y établir leur nid, à l'aide de leur bec et de leurs ongles, ils s'installent et apportent les matériaux nécessaires à former le berceau de leur progéniture, quelques brindilles de fucus et d'algues séchées. Cela fait, la « macareuse » pond dans ce trou un seul œuf blanc, de la grosseur de celui d'une poule.

Un fait très curieux à signaler, c'est que, pour la plupart du temps, ces nids sont placés les uns à côté des autres, ou tout au moins à une très courte distance.

Un beau matin, le jeune macareux brise sa coquille : le voilà venu au monde ; il est d'autant plus laid que sa forme est disgracieuse ; mais, après sa première mue, son bec, sans cannelure, est encore d'une toute petite forme et d'une couleur rougeâtre, rembrunie sur le cône. Peu à peu il s'y forme des sillons, qui augmentent à mesure que la matière cornée prend de la force. Quant à leur plumage, il demeure noir sur la partie supérieure pendant le premier hiver. Le dos et les ailes seuls sont mélangés d'un gris sombre. Le collier est d'un cendré sombre, la gorge d'une nuance plus claire.

Vers la fin de juillet, lorsque les petits sont à même d'accompagner leurs père et mère, ils se jettent à la mer, et restent dans les parages qui les ont vu naître jusque vers les premiers jours d'octobre.

Alors seulement ils disparaissent certain jour, presque tous à la fois, par bandes nombreuses, se rendant vers des climats plus tempérés.

Le cri du macareux est strident et sonore ; et quelle que

soit l'exiguïté de leurs ailes, ils volent assez facilement, tandis que leur démarche est chancelante et difficile.

La nourriture de ces oiseaux consiste en langoustes, étoiles, crevettes, araignées de mer, coques, coquillages de toutes sortes, et divers poissons dont ils s'emparent en plongeant avec la plus grande facilité.

C'est notamment à Belle-Isle et au Croisic que la chasse aux macareux est appréciée. Les habitants s'amusent à les tirer, le long des côtes, du 15 mai au 15 juillet ; et les étrangers qui visitent ces parages prennent eux-mêmes plaisir à se faire conduire, par quelque habile rameur, sur les îles désertes où ils sont établis.

Les macareux sont peu effrayés par le bruit de la poudre, et on peut les approcher avec la plus grande facilité.

Ils montrent un tel attachement pour leurs petits, qu'ils viennent se poser sur le trou qui les recèle, presque à portée de la main du chasseur.

Le seul but de la chasse aux macareux est de se procurer de la plume pour faire des édredons et des coussins.

Dans la Norwège, où ces oiseaux se trouvent en très grand nombre, ils se rassemblent dans des crevasses, et le chasseur, sans user son plomb et sa poudre, saisit avec un crochet ou des pincettes le premier qui se présente à l'orifice, et lui tord le cou.

Si le trou est profond, on envoie des chiens dressés qui reviennent avec un oiseau dans la gueule. Le macareux qui se trouve le plus près de celui qu'on enlève lui saisit la queue avec son bec, le suivant en fait de même, et ainsi de suite jusqu'au dernier ; si bien que le chasseur les tire tous, de cette manière, hors de leur trou, et les assomme les uns après les autres, ce qui fait souvent une très belle chasse accomplie en fort peu de temps.

La chair du macareux ne vaut pas grand'chose : elle a un fumet d'huile rance ; et cependant je me souviens d'avoir goûté, sur la côte de Bretagne, à certain ragoût de jeunes macareux très bien assaisonné, qui m'a paru fort mangeable. Il est vrai, si la sauce fait passer le poisson, que ce

jour-là mon appétit, aiguisé par l'air de la mer, me parut
plus que doublé, et j'étais par conséquent très disposé à
avaler du macareux.

La chasse qui précéda ce repas mérite bien de trouver
place à la fin de ce chapitre, comme le feu d'artifice qui
termine une journée de plaisir.

J'étais allé en mer visiter les rochers du Calvados, qui
s'élèvent de l'autre côté de l'embouchure de l'Orne, sur les
côtes pittoresques de la Normandie. Des dames avaient
voulu partager les émotions de cette journée de plaisir.

Notre embarcation, — un petit bateau de pêche propre
comme s'il fût sorti des mains des constructeurs, — filait
sur une mer unie comme un lac, et à peine ridée par la brise
qui enflait nos voiles.

En arrivant à la pointe de cet archipel de roches aiguës,
dont la première partie forme comme un lac intérieur d'eau
salée, ayant l'apparence d'un O allongé, le vent se leva, et
il nous fallut, bon gré, mal gré, chercher un refuge contre
la fureur des vagues dans une cabane de pêcheur qui s'offrait
à nous au fond d'une anse.

La rafale dura trois heures ; mais la nuit était venue ; et,
comme les dames se refusaient à retourner sur le continent
avant que le calme fût revenu, comme le mari de l'une d'elles
était du même avis, nous dûmes céder à la majorité, et nous
résigner à passer la nuit sur des bottes de foin et à faire un
méchant souper composé d'une soupe aux moules et de
quelques poissons grillés saupoudrés de sel. Par bonheur on
avait apporté quelques bouteilles de vin, et notre hôte nous
offrit du cidre cacheté qui moussait comme du champagne.

Le repas fut aussi bon que possible, et la nuit s'écoula
doucement, sans aventure digne d'être racontée.

Quand l'aube « vermeille » parut, le vent soufflait toujours, et la mer était encore fort mauvaise. On tint conseil,
et l'avis unanime fut qu'il fallait attendre.

Attendre ! c'était facile à dire ; mais que faire sur une
roche, sans aucun jeu pour égayer les dames, sans vivres,
sans resources aucunes.

Par bonheur, un de mes amis et moi nous avions apporté des fusils et des munitions, et il fut résolu que nous irions à la chasse.

« Voulez-vous tuer des macareux? nous dit le pêcheur du rocher du Calvados.

— Il y en a donc? demandâmes-nous en chœur.

— Autant que de rochers, répliqua le brave homme.

— Dans ce cas, partons. »

Et ce qui fut dit fut fait. Deux de nos dames se joignirent à nous, et l'on passa de la mer extérieure, — celle de la Manche, qui formait un ressac assez violent, — dans la mer intérieure, où, grâce à l'abri des roches, on se fût cru sur la surface d'un lac paisible.

La barque qui nous contenait était une espèce de bachot fort court, comme ceux dont on se sert dans les ports de mer, et qui servent à traverser d'un quai à l'autre. Par malheur, elle était trop petite pour contenir les crinolines de nos compagnes de chasse; il leur fallut se résigner à rester sur la rive, d'où elles devaient être témoins de nos exploits.

Notre embarcation s'éloigna en rasant le bord, et bientôt nous aperçûmes sur les roches deux macareux occupés à philosopher, immobiles, plongés dans des réflexions que rien ne semblait devoir troubler, si ce n'est un coup de fusil.

La détonation se fit entendre double, et les deux oiseaux trébuchèrent en venant rouler de roche en roche jusqu'à la portée de notre rameur.

Plus loin les oiseaux se trouvaient hors de la portée du plomb de chasse : nous eûmes recours aux balles, et nous réussîmes parfois très bien.

C'est d'ordinaire avec le double zéro que l'on chasse le macareux; mais ceux qui le tuent à balles sont réputés de très habiles chasseurs.

Au bout d'une heure de cet exercice, nous avions ramassé trente-sept macareux, et les dames nous faisaient signe, à l'aide de leurs mouchoirs, qu'il était temps de revenir, et qu'elles s'ennuyaient; nous virâmes de bord pour les rejoindre.

La chasse était belle, mais le gibier ne valait pas grand’-chose. Cependant, sans rien dire, notre pêcheur écorcha six de nos oiseaux, les coupa en morceaux, les assaisonna de poivre, de sel et d’huile, puis tout cela fut mis dans une marmite cuire doucement à l’étouffée, et servi chaud à des ventres affamés.

Notre valet fut porté en triomphe, et une de nos dames, détachant un ruban bleu qui ornait sa chevelure blonde, l’offrit à cet habile cuisinier, qui, comme celui du maréchal de Saxe, lequel avait servi une semelle de botte à son maître, nous avait fait manger un plat de macareux.

En revenant à Caen, où demeuraient Mmes Charles de M... et Alfred de T..., on raconta l’histoire du macareux à la sauce pêcheur; on nota précieusement la recette, et aujourd’hui ce plat est un de ceux que l’on sert le plus souvent dans certaines bonnes maisons de la Normandie, lorsque la saison de la chasse d’hiver aux sauvagines est passée, et que celle des oiseaux de mer commence, sur les côtes de France, pour les amateurs de chasse quand même, c’est-à-dire ceux qui ne peuvent pas se passer de brûler un peu de poudre du 1er janvier à la Saint-Sylvestre en l’honneur du saint qui protège ses disciples aimés.

XIX

AU MILIEU DES BOIS

Au milieu de l'État du Mississipi, sur le territoire Choc-
taw, le voyageur, — chasseur égaré dans ces déserts d'un
aspect si étrange, — rencontre un marais d'une étendue
considérable, lequel commence non loin d'un village d'Indiens civilisés, et s'étend jusqu'à l'embouchure de la rivière
Yasoo.

Ce marais, — un des plus inextricables que j'aie jamais
parcourus, — suit les méandres tortueux du Yasoo jusqu'à
l'endroit où ce courant d'eau se divise, en se dirigeant vers
le nord, et forme la rivière *Cold-Water*.

Ce marais, ou plutôt ce désert entremêlé de lagunes, de
montagnes boisées, de fourrés impénétrables, de bois taillis
et de haute futaie, est l'asile le plus peuplé d'animaux et
d'oiseaux de toutes sortes que puisse rêver un chasseur.

Un jour, pendant une excursion sur les rives du *Cold-
Water*, le hasard guida mes pas du côté de la cabane d'un
squatter dont la conversation me prouva qu'il était, —
comme la plupart des gens qui habitent les frontières, —
un homme profondément versé dans tout ce qui a trait à
la chasse, et particulièrement instruit sur les mœurs de

quelques-unes des grandes espèces de quadrupèdes et d'oiseaux.

J'ai toujours pensé, depuis que j'ai l'âge de raison, que pour s'instruire il ne faut dédaigner aucune occasion, et qu'on doit prêter l'oreille à tous ceux qui ont quelque chose à dire, quelque infimes qu'ils soient dans la condition où la Providence les a placés.

Ce fut pour cela que j'entrai dans la hutte du squatter, pour lui demander ce qu'il savait du gibier qui se trouvait dans le marécage.

L'homme des bois répondit à toutes mes questions, et, me montrant quelques peaux de cerf et d'ours, il ajouta que c'étaient là les dernières du nombre énorme d'animaux de même race qu'il avait occis depuis trois ans.

A ces paroles je me sentis tressaillir, et je demandai à ce Nemrod du désert américain s'il voudrait bien m'accompagner à travers le *swamp* et me permettre de lui demander l'hospitalité sous l'humble toit qui lui servait d'abri à lui-même.

Le squatter me tendit les deux mains en signe d'assentiment, et je me hâtai d'appendre contre l'une des parois de la hutte mon bissac et mon fusil, tandis que les deux fils de cet homme m'examinaient sans souffler mot, et que leur mère déposait sur une table rustique le souper frugal de la famille, en me priant d'en accepter ma part.

La soirée était calme, et le ciel limpide; tout, en un mot, dans la nature, semblait en harmonie avec le bon accueil et les manières engageantes de ces pionniers de la civilisation.

Peu à peu la conversation devint générale, et non seulement le squatter, mais encore sa femme et ses enfants, qui ne m'avaient pas quitté des yeux, me questionnèrent sur le but de mon voyage à travers ces pays déserts. Je leur expliquai ce que c'était qu'un naturaliste, un amateur de collections d'histoire naturelle, et ces braves gens se montraient très heureux de posséder ce qu'ils appelaient *a learned man*, — un savant, — dans leur compagnie.

Quand le repas fut achevé, tout en fumant ma pipe, je priai à mon tour le squatter de me dire, s'il le voulait bien, comment il se faisait qu'il eût lui-même quitté son pays, — il m'avait dit qu'il était du Connecticut, — pour s'aventurer au milieu de ces régions lointaines et sauvages.

« La seule cause en est, me dit-il, à l'agglomération incessante de la population dans mon pays natal et à la difficulté de pouvoir vivre à son aise sur le sol de la Nouvelle-Angleterre. »

Et je me dis à part moi, en songeant à la grande quantité d'habitants réunis dans certains États de l'Europe comparée avec la population actuelle du Connecticut, quelle devait être la difficulté éprouvée par un homme chargé de famille dans ces contrées, où tout ce qui est nécessaire à l'existence est cent fois plus cher qu'aux États-Unis.

Ces pensées avaient assombri mon front, et il fallut, pour me dérider, que le squatter et ses fils, changeant de sujet de conversation, me parlassent de pêche et de chasse.

La soirée s'écoula de la sorte, jusqu'au moment où, la fatigue se faisant sentir pour les uns et pour les autres, nous nous étendîmes sur les peaux d'ours qui servaient de lit, le long des parois de la hutte.

Je ne saurais dire combien de temps je demeurai endormi; mais, à un certain moment, une voix au dehors de la cabane vint interrompre mon sommeil. L'aurore pointait à l'horizon, et mon hôte hélait ses porcs errants à l'état misauvage au milieu des bois.

Je ne tardai pas à être debout, — car nous couchions tout habillés, — et je rejoignis le squatter, près duquel les pourceaux accouraient en grognant.

Celui-ci leur jeta quelques épis de maïs, et, les ayant comptés, m'apprit que depuis quelques semaines le nombre de ces animaux diminuait, eu égard au ravage que commettait dans le troupeau une redoutable panthère qu'il avait une seule fois aperçue par corps, et encore à une très grande distance.

La panthère américaine, c'est le couguar, et cet animal

vorace emportait non seulement un cochon, mais encore un veau du squatter, sans qu'il pût le défendre de ses atteintes.

La *pinter*, — c'est ainsi que la désignait le squatter, — avait même volé quelquefois à ce pauvre diable un daim, fruit de sa chasse, et le brave homme se plaisait même à raconter d'autres traits d'audace de l'animal, qui me donnaient une grande idée de son courage.

Je proposai à mon hôte de me joindre à lui pour le débarrasser de cet ennemi. Il va sans dire qu'il accepta; mais il me fit observer qu'il était important de nous faire aider par quelques voisins qui avaient des chiens, et qui se donneraient volontiers avec nous le plaisir d'une chasse à la *pinter*.

A cet effet, le squatter monta à cheval, après le déjeuner, et employa toute la journée à courir chez ses amis, qui demeuraient à plusieurs milles les uns des autres, pour prendre rendez-vous avec eux.

Il fut convenu que ce serait pour le surlendemain; et à l'heure dite, par une matinée superbe, les chasseurs arrivèrent tous, les uns après les autres, devant l'huis de l'habitation du squatter, à l'instant où les premiers rayons du soleil pointaient derrière les montagnes à l'horizon.

Il y avait là cinq hommes, pionniers de la civilisation américaine, équipés pour la chasse, montés sur des chevaux d'une triste apparence pour nous autres qui sommes accoutumés à voir dans les villes des bêtes aux formes élancées et, pour ainsi dire, aristocratiques; mais pour ceux qui vivent dans les bois, les chevaux mustangs offrent une vigueur et une sûreté de pieds incontestables, pour la chasse au marais et pour la chasse des forêts.

Parlerai-je des chiens? Ah! quels chiens! des bâtards de toute espèce, depuis le molosse jusqu'au roquet : les bonnes bêtes, — bonnes pour leurs maîtres, puisqu'elles remplissaient les devoirs de leur charge, — faisaient connaissance avec ceux du pionnier et aboyaient en signe de joie.

On but la goutte, on mangea quelque chose sur le pouce,

puis chacun enfourcha sa monture, et l'on se mit en route
pour se rendre sur les lieux de la chasse. La conversation ne
fut point très animée pendant qu'on avançait, car il fallait
faire attention pour ne pas laisser le cheval butter contre les
rochers et les troncs d'arbres renversés par le temps ou la
hache du pionnier.

Parvenus au lieu convenu, on tint conseil, et il fut résolu
qu'on allait prendre chacun de son côté pour *revoir* la panthère, et qu'une fois la piste découverte, celui qui l'aurait
trouvée appellerait avec sa corne et attendrait les autres
chasseurs jusqu'à ce qu'ils l'eussent rejoint.

Une heure s'écoula dans ces recherches, et nous entendîmes enfin le bruit de la corne. A ce signal, chacun se
dirigea vers l'endroit d'où venait le son, et les chiens, réunis, furent lancés sur la piste du couguar au milieu du marécage[1].

Il avait été décidé que personne ne se laisserait tenter par
l'approche d'un autre gibier que celui qu'on chassait, et qu'on
ne tirerait que sur la *pinter*.

Les chiens s'étaient jetés sur la voie; tout à coup ils hâ-
tèrent le pas, et mon hôte, qui se trouvait près de moi, en
conclut que la bête, au lieu d'être perchée, se tenait par
terre. Nous pressâmes nos chevaux en avançant du côté où
les chiens aboyaient; mais nous remarquâmes bientôt que
les bonnes bêtes avaient changé de gamme.

« En avant! s'écria le squatter, la *pinter* est perchée, c'est-
à-dire, ajouta-t-il pour mieux se faire comprendre, elle doit
avoir grimpé sur les branches maîtresses d'un arbre. Or il
s'agit de la tuer au plus tôt à l'endroit où elle s'est juchée,
sinon nous sommes assurés d'être forcés de courir longtemps. »

Lorsque nous parvînmes à l'endroit où la panthère était

---

1 Le marécage américain n'est pas précisément un marais; c'est souvent,
et le plus souvent même, un bois humide, rempli de sources et d'infiltra-
tions, où les arbres pourrissent et tombent, où les herborescences deviennent
des fouillis inextricables, et où les nègres marrons font élection de domicile,
parce qu'ils trouvent là tout ce qu'il faut pour se cacher et se nourrir.

censée remisée, nous nous pressions les uns contre les autres, et nous entourâmes le bosquet, nous tenant sur nos gardes, laissant pendre la bride sur le cou de nos chevaux et nous avançant à petits pas du côté des chiens.

Un coup de feu se fit entendre, et tout aussitôt nous aperçûmes la panthère, bondissant par terre, détaler, poursuivie par les chiens, comme « quelqu'un » qui n'a nulle envie de supporter plus longtemps la fusillade de ses ennemis.

Le chasseur qui avait fait usage de son rifle vint à nous en jurant ses grands dieux que la *pinter* était blessée près de l'épaule, à la patte gauche. Et, en effet, il nous montra des traces de sang sur la piste suivie par les chiens, qui criaient à pleins poumons.

L'éperon enfoncé dans les flancs des chevaux, nous nous lançâmes à travers le marais, franchissant un ruisseau, bondissant par-dessus les arbres abattus, nous enfonçant dans les halliers; si bien que nos bêtes étaient rendues, et qu'arrivés à un certain endroit, il fut décidé que l'on mettrait pied à terre, et que l'on irait « à pattes » à la poursuite du carnassier.

Il était facile de comprendre que le couguar blessé ne tarderait pas à monter sur un autre arbre, et s'y tiendrait, cette fois, en s'aplatissant le plus possible, de façon à n'être pas vu; mais nous comptions sur la meute pour le découvrir de nouveau.

Dans cette hypothèse nous débarrassâmes nos chevaux de leurs selles, et ayant appendu au cou de chacun une sonnette, nous les abandonnâmes à eux-mêmes.

Si nos lecteurs veulent bien nous suivre maintenant au plus profond du marécage, à travers un fouillis inextricable de roseaux entrelacés de lianes, ils comprendront quelles étaient les difficultés que nous avions à surmonter.

Nous marchâmes ainsi pendant plus d'une heure et demie, prêtant l'oreille, cherchant à percevoir les cris de la meute, lorsque enfin les voix vinrent frapper nos oreilles. Les chiens aboyaient en masse, et dans le vacarme universel des gémissements se faisaient entendre.

Ces plaintes me prouvaient de plus en plus que la bête s'était encore *perchée*, ce qui était fort naturel, car elle devait avoir besoin de reprendre haleine et de se remettre un peu de la chaude alerte qu'elle venait d'éprouver.

Nous ne tardâmes pas à découvrir le couguar étendu sur la branche maîtresse d'un cotonnier, la poitrine tournée de notre côté, les yeux fixés sur ceux qui l'attaquaient, hommes et chiens. Sa patte droite de devant pendait inerte le long de la branche, et le féroce animal restait immobile, comme s'il eût été persuadé qu'il était impossible de l'apercevoir.

Mon hôte s'était approché de moi, et, à un signal donné, trois coups de feu retentirent.

La bête bondit, roula par terre la tête en bas, et tout aussitôt les chiens se jetèrent sur elle comme des forcenés. Loin de se rendre à discrétion, loin de se montrer abattu, le couguar, devenu furieux, combattit avec l'énergie du désespoir jusqu'au moment où le squatter, se jetant au milieu des chiens, l'acheva d'un coup de pistolet au défaut de l'épaule.

L'agonie ne fut pas longue ; après quelques convulsions il retombait mort.

Au moment où ce drame atteignait son dénouement, le soleil allait disparaître à l'horizon.

Deux de nos camarades de chasse nous quittèrent pour aller « chercher de la venaison », c'est-à-dire pour tuer un cerf destiné à notre souper ; car on avait résolu de coucher sur le champ de bataille, et l'un des fils du squatter retourna seul à l'habitation de son père pour rassurer « la vieille femme »[1], et donner à manger aux cochons.

Pendant que ceci se passait, deux autres chasseurs dépouillaient le couguar, et après avoir délicatement enlevé la peau, abandonnaient la chair aux chiens affamés, qui la dévoraient aussitôt.

Tandis que nous préparions notre campement, l'écho de la forêt nous apporta la répercussion d'un coup de fusil. Un des

---

[1] C'est ainsi que le père désigne sa femme, et ses enfants leur mère, aux États-Unis.

deux chasseurs reparut bientôt, portant ou plutôt traînant un cerf de l'espèce dite de Virginie.

Le feu était allumé, chacun tira sa provision de pain de son bissac ; la gourde pleine de whiskey fut appendue à une branche, et le cerf ayant été dépouillé, chacun prit à même un morceau, qu'il fit rôtir sur les charbons ou bien à la fourche[1], en le saupoudrant à sa guise du sel et du poivre contenus dans la boîte qui n'est jamais oubliée par un coureur des bois.

Jamais repas ne fut trouvé plus exquis, je vous le jure, car il était assaisonné par la faim, par la bonne humeur et la plus franche cordialité ; on causa, on chanta même jusqu'à une heure très avancée de la soirée, jusqu'au moment enfin où tous, les uns après les autres, harassés de fatigue, nous nous couchâmes les pieds au feu sur les mousses et les lichens, où nous ne tardâmes pas à nous endormir.

Je m'étais rendu le dernier aux appels du sommeil ; car je contemplais les beautés de la nature, au sein de laquelle j'ai toujours éprouvé les plus grandes jouissances. Ce qui me tenait ainsi éveillé, c'était l'aspect phosphorescent des gros troncs d'arbres abattus par les années et couchés deçà et delà. Cet *ignis fatuus* m'inspirait les plus tristes pensées du monde ; mais je m'empressai de surmonter ces fâcheuses impressions.

La nuit fut très calme, et le soleil reparaissait au levant lorsque nous nous mîmes debout et reprîmes tous notre chemin, après avoir été chercher les chevaux, que nous retrouvâmes à peu près au même endroit que nous les avions laissés.

Nous parvînmes à la cabane du squatter, qui nous offrit quelques rafraîchissements, selon ses faibles moyens ; puis on se sépara, chacun pour rentrer au logis ; et moi je pus continuer ma route, en quête de nouvelles découvertes et d'impressions de voyage.

Je n'ai jamais oublié cette nuit passée *au milieu des bois*.

---

1 Les chasseurs américains prennent une fourchette de bois et présentent morceau de venaison eux-mêmes à la pourléchure de la flamme jusqu'à ce qu'il soit cuit.

XX

CHASSE AUX AUTRUCHES

Je m'avoue, d'ores et déjà, très embarrassé pour dire à quelle famille appartiennent les autruches, classées par les savants de tant de façons, qu'il est bien difficile de s'y reconnaître. Les uns en ont fait des échassiers, les autres les affilient aux « coureurs », et certains aux gallinacés.

Pour moi l'autruche est une autruche. Les Orientaux avaient donné à cet oiseau le nom d'*oiseau chameau,* et certainement l'élévation de ses jambes, la longueur de son cou, et en quelque sorte la forme de sa tête, la rapidité de sa course, tout, jusqu'aux lieux que hante cette créature étrange, lui donne une ressemblance avec ce quadrupède du désert.

Aristote... pourquoi pas?... prétendait de son temps que l'autruche était partie oiseau, partie quadrupède.

Ce qu'il y a de certain, c'est que l'autruche atteint quelquefois deux mètres de hauteur et peut peser jusqu'à quarante kilogrammes. Elle a la tête fort petite, chauve et calleuse à la partie supérieure, garnie inférieurement de poils clairsemés, blancs et brillants ; le bec droit, court et déprimé ; l'orifice de l'organe de l'ouïe découvert, et garni à l'intérieur de poils ; les yeux grands et vifs ; un cou mince, long d'un mètre environ, et dont la peau, d'une couleur chair livide, n'est recouverte que de poils blancs et peu abondants. Les ailes sont hors de proportion avec le corps, et, outre leurs plumes flexibles et ondoyantes, elles sont pourvues chacune de deux piquants semblables à ceux du porc-épic. La queue est garnie de pennes dont la structure est la même que celle des ailes. Je passe maintenant à ses jambes, recouvertes d'une peau épaisse et ridée; à ses pieds vigoureux, garnis de grosses écailles, et formés de deux doigts seulement reliés entre eux, à la base, par une forte membrane.

Le plumage, chez le mâle, est noir, strié de gris et blanc. Les grandes plumes des ailes et celles de la queue sont blanches; la femelle est brune ou d'un gris cendré partout où le mâle est d'un noir éclatant. Elle n'a de plumes noires qu'à la queue et aux ailes.

La femelle pond dans le sable de vingt à cinquante œufs, et quelquefois plus; gros comme un boulet, ils pèsent de deux à trois livres ; ceux des jeunes sont pourtant plus petits. Une fois les œufs déposés sur le sable, l'autruche oublie souvent où ils sont, parce qu'elle a fort peu de mémoire ; aussi couve-t-elle alors les premiers œufs qu'elle rencontre, qu'ils lui appartiennent ou non.

Dès que les petits sont éclos, ils se mettent à courir et à chercher leur nourriture. Bien qu'ils n'aient pas encore de plumes, ils sont tellement agiles à la course, qu'il est impossible de les attraper.

L'autruche est un animal d'une grande stupidité et d'une gloutonnerie exceptionnelle, à ce point qu'elle mange tout ce qu'elle trouve, même le fer. Sa chair est visqueuse et nauséabonde, et cependant les Africains en mangent souvent, parce qu'ils engraissent les petits dont ils se sont emparés. Ces oiseaux vont par troupes dans les déserts et contrées sablonneuses. Leur aspect épouvante souvent les caravanes, parce que, de loin, on les prend pour des hommes à cheval.

Certains auteurs ont prétendu que l'autruche était sourde ; il n'en est rien ; elle est, au contraire, douée d'une ouïe très fine. Une autre assertion erronée, c'est qu'elle est mauvaise mère ; bien au contraire, elle défend et protège ses petits avec une grande sollicitude et beaucoup de courage.

Il est certain toutefois que, sous les zones brûlantes, elle abandonne ses œufs, pendant la journée, à la chaleur du soleil ; mais elle revient les couver la nuit.

L'autruche a des mœurs douces et paisibles ; elle n'attaque

Autruches.

point, mais parfois elle se défend, et un coup de sa robuste patte ou de son bec peut suffire à mettre son adversaire hors de combat.

L'Afrique est la patrie de l'autruche de l'ancien continent. L'Amérique a bien aussi son autruche, appelée *nandou* par les naturalistes.

L'autruche s'apprivoise facilement. En Afrique, on les parque en troupes nombreuses, afin de récolter leurs plumes, si recherchées pour la toilette des femmes.

Peut-être la chair des autruches parquées est-elle préférable à celle des autruches libres ; ce que je puis affirmer, c'est que les anciens recherchaient cet oiseau pour sa chair, et que des tribus entières avaient reçu autrefois le nom de *struthiophages* (mangeurs d'autruches).

Moïse, dans le *Deutéronome,* défendit l'usage de cette viande aux Hébreux ; aussi la généralité des Arabes mahométans la repousse-t-elle comme immonde.

Cette chair de l'autruche est pourtant blanche et ressemble fort à celle du dindon.

Les anciens Romains la tenaient en grande estime. Un empereur dont on ne cite pas le nom dévora, dit-on, une autruche entière à un de ses repas, et le célèbre Héliogabale fit servir, dans un festin, six cents cervelles d'autruches assaisonnées pas ses habiles cuisiniers.

Par contre, si la chair des autruches ne vaut rien, les œufs qu'elles pondent passent, quand ils sont frais, pour un mets délicieux, une gâterie de Lucullus.

C'est à la coque ou en omelette que les voyageurs et les aborigènes africains se donnent le plaisir de manger les œufs d'autruche. « Ce mets a un haut goût, dit le docteur Livingstone, qui n'est, à mon avis, ni trop agréable ni trop désagréable ; » ce qui prouve que l'œuf d'autruche est, comme le gibier, prisé par certains amateurs et dédaigné par d'autres.

Une particularité digne d'être consignée, c'est que ces œufs contiennent des pierres d'une matière dure et de la forme d'un haricot jaune. Leur nombre varie de deux à six et sept. Ces « grumelots » sont évidemment quelques débris de la matière qui a servi à former la carapace de l'œuf.

Afin de se procurer des œufs frais, les Africains, à l'instar des Européens, enlèvent avec précaution, et sans être vus, les œufs frais pondus dans le nid, qu'ils remplacent par de vieux œufs marqués. Les Boschimen sont très friands de ce genre de nourriture et très adroits pour se la procurer.

D'ailleurs l'enveloppe ovoïde est très prisée par les habitants de l'Afrique, par qui elle est employée pour la confection de vases à boire, de plats, d'assiettes et même de réservoirs à eau. En effet, ils emplissent les œufs d'eau, les bouchent hermétiquement, et s'aventurent alors sans crainte dans le désert, avec leurs provisions de liquide. Ce sont surtout les Bat-Kalaharis, lesquels sont forcés, eu égard à leurs dissensions avec le Bechuanas, de se retirer dans les déserts arides, qui se servent de ce moyen pour être toujours approvisionnés d'eau potable. Ils cachent leurs provisions dans des silos, et, afin que ces dépôts ne soient pas découverts par leurs ennemis, ils ont soin de faire du feu dessus, de telle façon que les cendres, le foyer éteint, ne laissent point supposer que là se trouve une cachette.

Rien n'est plus aisé que d'acclimater l'autruche en Europe ; mais, à vrai dire, cette importation ne serait pas des plus désirables. D'une part, la chair est mauvaise ; de l'autre, les plumes, quand l'oiseau est à l'état domestique, ne deviennent jamais belles ; et puis, qui pis est, cet animal se laisse souvent entraîner à des accès de rage dangereux pour ceux qui l'approchent.

Enfin l'autruche ne pond point sous notre zone, et comme c'est seulement pour ses œufs qu'on pourrait songer à en propager l'espèce, l'importation de cet oiseau n'est admissible que pour les ménageries ou les jardins d'histoire naturelle.

J'ai parlé plus haut de la facile digestion de l'autruche. Rien n'est plus vrai, et pourtant la chose est très exagérée. Leur nourriture habituelle consiste en racines, en graines et en toutes sortes de plantes légumineuses ; c'est particulièrement la *nara*, sorte de bulbe jaunâtre qui croît dans le sable, ayant la forme d'un navet et couverte d'épines, qui est appréciée par ces oiseaux africains. Cette racine est fort bonne à manger ; elle a le goût d'amandes douces.

Lorsque l'autruche cherche les naras et les déracine, elle avale souvent des pierres sans songer à les rejeter, comme le ferait tout autre animal qui en trouverait dans sa nourriture. C'est de là sans doute qu'est venue l'erreur populaire et si profondément accréditée. Les autruches que l'on rencontre dans les ménageries ou les jardins particuliers sont très peu difficiles sur leur nourriture, et se contentent d'un mélange d'orge, de son ou de choux. On en a vu dévorer, avec une sorte de plaisir, des copeaux qu'un menuisier avait laissés dans la cage qu'il venait de réparer.

On raconte qu'un jour, dans le parc d'un riche Marseillais, où le jardin d'acclimatation de Marseille a fait pondre, depuis plusieurs années, les autruches qu'il possède, un de ces animaux se trouva sur le passage d'une couvée à peine éclose de jeunes canards, abrités sous les ailes de leur mère. La cane s'enfuit, et l'autruche avala l'un après l'autre, sans les mâcher, tous les oisillons qui se trouvaient à ses pieds, sans s'inquiéter des piaillements de la mère.

A ces récits véridiques on pourrait en ajouter mille autres de la même nature : celui d'une autruche à qui une bonne femme présente, en plaisantant, la clef de son logis, que l'oiseau avale sans façon. Voilà la femme forcée d'attendre le résultat de la digestion pour rentrer chez elle ; celui d'une autruche qui, se trouvant à bord d'un navire qui revenait d'Afrique, faisait osciller la boussole toutes les fois qu'elle en approchait, dans les moments de liberté qu'on lui laissait. Or l'oiseau mourut, et, quand on l'ouvrit pour l'empailler, on découvrit dans son estomac une grande quantité de clous et de ferrements, ce qui expliqua le phénomène.

L'autruche aime à se baigner ; il y a de nombreux témoignages de ce fait, qui cependant a été nié par quelques voyageurs.

Je passe maintenant à la chasse à l'autruche, chasse très intéressante, à laquelle les Arabes se donnent avec ardeur. L'autruche poursuivie court en élevant ses ailes, et semble, — comme dit Job dans l'Ancien Testament, — défier le cheval et le cavalier. Elle a soin de jeter, en courant, des pierres qu'elle soulève avec ses pattes, pour arrêter la marche du chasseur.

Les Arabes chassent l'autruche à cheval, en tournant autour d'elle pendant plusieurs heures, jusqu'à ce qu'ils parviennent à couper sa course. D'autres fois, grâce à la rapidité de sa monture, l'Arabe parvient à s'emparer de l'autruche après une poursuite des plus opiniâtres, où l'oiseau finit par tomber de fatigue, victime de son habitude de décrire, en fuyant, de grands cercles que le chasseur sait couper à propos, épargnant ainsi à son cheval une grande partie du trajet. Lorsqu'il a répété ce manège un bon nombre de fois, il parvient enfin, mais seulement parfois après huit à dix heures de chasse, à s'emparer de l'oiseau, dont la course est plus rapide que celle du cheval le plus léger. S'il emploie des lévriers à cette chasse, elle devient moins pénible et moins longue.

On a dit que l'autruche, lorsqu'elle se voit au moment d'être prise, cachait sa tête sous son aile, comme les enfants, qui mettent leur tête dans leurs mains afin de ne pas être vus. Ce fait est contesté par plusieurs chasseurs dignes de foi, en dernier lieu par le docteur Livingstone, qui a eu l'occasion de chasser l'autruche dans ses voyages en Afrique.

C'est aux mois de mars et d'avril que l'on chasse les autruches, car c'est la saison où les plumes ont repoussé et où elles sont bonnes pour la vente. Dans les autres périodes de l'année, ces oiseaux ont la fâcheuse habitude, comme les paons, les dindons qui font la roue, de traîner les plumes de leurs ailes, ce qui abîme les barbes des plumes de valeur et les salit extrêmement.

Dans le pays des Bechuanas et le Damara, les chasseurs aborigènes n'ont pour armes qu'un arc et des flèches : celles-ci sont empoisonnées dans le suc d'une euphorbe vénéneuse ou dans les entrailles d'une chenille qu'ils appellent le n'gwa. Il paraît que ce venin est très dangereux; car les noirs africains, chez qui la propreté est une qualité rare, ont grand soin de se laver les mains quand ils ont touché au n'gwa. Ceux qui seraient atteints par ses effets délétères deviendraient fous furieux, et après cela idiots pour le restant de leur vie.

Muni de ces terribles engins, le chasseur qui a découvert un nid d'autruche fréquenté va enlever les œufs, et se couche à plat ventre dans l'excavation où ils se trouvaient. Combien d'heures reste-t-il là ? lui seul et Dieu le savent. A la fin la mère couveuse paraît à l'horizon ; elle avance à grands pas. La voilà, et quand elle est assez proche, l'archer, qui tient son arc bandé, vise, lâche la corde, et la flèche va frapper généralement l'oiseau en pleine poitrine. Le mâle, qui suit de près sa femelle, tombe également sous l'arme meurtrière de ce chasseur primitif ; car celui-ci sait très bien s'y prendre avec prestesse pour s'emparer de sa double proie.

Une autre façon de chasser l'autruche, pratiquée par les Bechaouas, est de se vêtir de la dépouille d'un de ces oiseaux et de s'avancer dans le pays fréquenté par ce gros gibier, en imitant ses allures, jusqu'à belle portée. M. Moffat, voyageur anglais très célèbre, décrit fort longuement ce genre de sport, en racontant comment l'Africain tient la tête empaillée debout pour l'agiter, se blanchit les jambes avec de la craie, et agite de temps en temps ses ailes comme pour mieux jouer sa comédie. Il arrive quelquefois qu'un mâle curieux s'avance de très près, afin de voir par lui-même qui est cet inconnu. C'est là le moment dangereux ; car si le chasseur n'atteint pas l'oiseau avant d'avoir été repoussé par lui, il peut recevoir quelque horion très dangereux.

Le voyageur Anderson raconte avoir vu chasser l'autruche à la course par les Boschimen, sur les bords du lac N'gavis. C'est à coups de bâtons qu'on procède, de façon à casser les jambes des oiseaux.

Il y a encore d'autres chasses à l'autruche, au moyen de pièges. En premier lieu, le lacet, corde tendue à un jeune baliveau, avec laquelle, à la hauteur du cou, on forme un nœud coulant. L'autruche passe par là, introduit le cou dans le rond du chanvre, et clac ! la bobinette choit, et la farce est jouée. L'oiseau se trouve bel et bien pendu. Un second mode de chasse est celui des trous recouverts de roseaux et d'herbes, dans lesquels l'autruche tombe, et d'où elle ne peut plus sortir.

Je termine cet article en racontant une chasse d'après M. Anderson, qui a longtemps habité l'Afrique, et s'est maintes fois donné la jouissance d'une de ces parties de plaisir.

« Un jour, sur le chemin qui conduit de Bay à Cheppmansdorf, nous aperçûmes une autruche mâle, ayant près de *lui* sa femelle et dix-neuf petits de la grosseur d'une poule de basse-cour. Depuis longtemps je souhaitais une rencontre pareille; aussi mes compagnons et moi descendîmes-nous des selles posées sur le dos de nos bœufs avec l'intention de nous emparer des jeunes particulièrement.

« Dès que le père et la mère autruches eurent vent de nos projets, ils détalèrent, la femelle en avant, les petits après, et le mâle par derrière, comme pour protéger sa famille. Rien n'était plus touchant que cette anxiété paternelle. Dès que l'oiseau s'aperçut que nous gagnions sur lui, il usa d'un stratagème ordinaire chez tous les oiseaux et les quadrupèdes, celui de se séparer de la bande, afin de nous attirer sur ses pas. Mais lorsqu'il se fut aperçu que nous ne faisions pas attention à lui, il changea de gamme, et fit semblant d'être blessé. Nous le vîmes décrire des cercles, s'arrêter, se coucher, se relever, et enfin tomber, lorsqu'il ne fut plus qu'à une portée de fusil.

« Déjà l'un de nous avait tiré sur lui; aussi je crus qu'il était blessé, et je m'avançais pour l'achever. Au moment de l'ajuster, je compris que tout ce qu'avait fait l'oiseau jusquelà n'était qu'une *ruse;* car l'autruche se releva d'un bond et courut dans une direction opposée à celle de la femelle et de sa famille, lesquelles, pendant ce temps-là, avaient gagné du terrain et se trouvaient fort loin.

« Il nous fallut une heure de poursuite obstinée pour réussir dans notre entreprise cynégétique.

« Nous parvînmes à nous emparer de neuf jeunes dans le troupeau, qui se défendait avec un grand acharnement.

« Du reste, c'était un assez joli succès, et nous dûmes nous tenir pour contents. »

XXI

CHASSE AUX RHINOCÉROS

Après l'éléphant, le rhinocéros est, sans contredit, le plus puissant de tous les quadrupèdes. Sa taille mesure cinq mètres de longueur, de la naissance de la queue au bout du museau, et la circonférence de son corps est à peu près de même dimension.

La robe de ce pachyderme est olivâtre; mais il en est quelques-uns, en Afrique surtout, qui sont gris, et certains tout à fait blancs, — ces derniers, avec le cou plus allongé que les autres,

Les peuplades des contrées où vivent les rhinocéros estiment la corne qui lui pousse au-dessus du nez bien plus que la dent d'ivoire de l'éléphant, non point à cause de la rareté, mais surtout pour l'objet lui-même, auquel ils attribuent, dans leur ignorance, certaines qualités spécifiques et propriétés médicales.

Ce hideux animal, qui est de l'espèce porcine, aime, comme ses congénères, à se vautrer dans la boue; aussi vit-il dans les marécages et le long des berges et des rivières.

On trouve des rhinocéros en Asie, en Afrique, au Bengale, à Siam, à Laos, au Mongol, à Sumatra, à Java, en Éthiopie, en Abyssinie, au cap de Bonne-Espérance, et enfin dans les contrées récemment découvertes par Livingstone.

A l'égal de sa corne, les excréments, l'urine, le sang du rhinocéros passent, chez les peuples sauvages, pour des antidotes contre le venin; mais il n'y a que chez les peuples non civilisés que l'on croit à ces choses-là.

Les rhinocéros sont herbivores comme les éléphants; mais leur nourriture préférée consiste en herbes grossières, des chardons, des mimosas et autres arbustes épineux. S'il rencontre sur son passage un champ de cannes à sucre, on peut être certain qu'il sera ravagé dans l'espace d'une seule nuit. La langue de ce pachyderme est si rude, qu'elle râpe et déchire tout ce qu'elle touche, même l'écorce des arbres.

Si le rhinocéros est aussi volumineux que l'éléphant, il paraît plus petit, et cela tient à l'exiguïté de ses jambes, très courtes et, pour ainsi dire, rentrées en elles-mêmes.

L'animal en question est loin d'être aussi intelligent que l'éléphant. D'une part, sa peau, sa carapace plutôt, est si épaisse, qu'il manque de sensibilité, n'ayant point d'autre tactilité qu'une lèvre mobile, — tandis que l'éléphant possède une trompe : le rhinocéros, en somme, n'est supérieur aux autres animaux que par sa force et celle de la protubérance cornée qu'il porte sur son front.

Chez les autres animaux, les cornes ne protègent que le sommet du crâne; mais chez le rhinocéros cette excroissance cornée défend toutes les parties antérieures du mufle, du cou et de la bouche.

Aussi voit-on le tigre attaquer plus volontiers l'éléphant que le rhinocéros. Il craint d'être éventré, et n'a pas de prise sur sa peau, qui est réellement impénétrable aux balles de nos armes à feu, par conséquent, et à plus forte raison, aux griffes du *man eater,* quelque acérées qu'elles soient.

Les seuls « défauts de la cuirasse » sont le cou et les épaules, où l'on aperçoit des rides et des plis, que le Créateur a sans doute placés sur ce corps informe pour donner quelque élasticité à la tête.

Les pieds du rhinocéros, larges, et armés de trois grands ongles, supportent cette masse de chair vivante; c'est à peine si deux yeux, infiniment petits, font croire à la vie chez ce monstre de la création.

C'est à l'aide de cette lèvre prolongée, pointue, que le rhinocéros cueille l'herbe par poignées, et palpe avec une certaine adresse les objets qu'il veut saisir. Au lieu de ces deux dents pointues qui servent de défense et d'ornement à l'éléphant, le rhinocéros possède deux énormes dents incisives à chaque mâchoire, et ces dents, placées en angle, servent à triturer les herbes dures, qu'il préfère par goût. Les oreilles du pachyderme, droites, pareilles, à peu de différence près, à celles du cochon, sont la seule partie de son corps qui soit couverte de soies denses et fort raides.

J'ai parlé déjà des diverses couleurs du pelage des rhinocéros; mais je dois ajouter que l'on distingue sept espèces bien différentes les unes des autres : le rhinocéros de Judée, ne portant qu'une seule corne; ceux de l'Afrique, ainsi dénommés : le *borelé,* noir; le *keitloa,* gris foncé, portant deux cornes; le *mochocho,* blanc, et le *kobaba,* d'un pelage albe, mais dont le front est muni de deux cornes, l'une plus longue que l'autre.

Le rhinocéros de Java et celui de Sumatra, le premier avec une corne, l'autre avec deux, complètent les sept espèces de pachydermes que je viens de citer.

En somme, on peut dire que le rhinocéros est un être à part dans la création. C'est un être féroce, d'une force sans pareille, qu'il est impossible de combattre à armes égales. Aussi, en Afrique, le pays où l'on rencontre le plus de ces animaux, les peuplades n'osent pas lui faire la chasse, par cette bonne raison qu'elles n'ont pas d'engins suffisants pour les combattre.

Dans quelques contrées de l'Est, on a essayé de dresser des éléphants à la chasse des rhinocéros; mais la férocité de cet animal excite quelquefois la colère de l'éléphant, rallume sa sauvagerie, et il n'est pas rare de les voir l'un et l'autre se liguer pour détruire le *kraal,* dont les habitants sont obligés de fuir pour éviter la mort.

Un district entier armé de flèches, de piques, d'épieux et

de casse-têtes, peut bien chasser le lion et l'éléphant; mais le rhinocéros ne redoute personne, ni l'homme ni les plus forts animaux.

Les Africains emploient pour chasser ce pachyderme un moyen fort primitif, mais qui est le seul offrant quelque chance de réussite.

Ils creusent une fosse profonde qu'ils recouvrent de branches d'arbres. Or, comme l'intelligence de ce colosse est bien bornée, il finit toujours par tomber dans ce piège que l'on place d'habitude sur la route qu'il parcourt pour se rendre à ses gagnages.

Les chasseurs nègres sont aux aguets, et le bruit d'une chute pareille à celle d'un roc dans un abîme vient tout à coup leur apprendre que leur ruse est couronnée de succès. Ils accourent, tout le *kraal* est prévenu. Chacun jette dans la fosse, sur le dos du pachyderme, des bois enflammés, des matières résineuses; ils le flambent, le rôtissent vivant : c'est un supplice que réprouve la loi Grammont, mais elle n'est pas en vigueur encore sur le continent africain, si bien que le rhinocéros périt au milieu des plus horribles tortures.

Je dois dire cependant que ce moyen de combattre le rhinocéros n'est mis en pratique que dans les pays où le nombre de ces animaux dévastateurs met en péril la récolte des habitants, car une fois la bête brûlée, il n'en reste plus rien, pas même sa corne.

La vraie chasse aux rhinocéros ne se pratique réellement qu'en Asie. Rien n'est plus intéressant que de suivre les expéditions entreprises contre ce redouté rival du tigre et du lion. On voit des colonnes serrées de courageux chasseurs, armés de fusils, traînant de petites pièces de campagne et conduisant en laisse des chiens féroces exercés à cette poursuite, se mettre en route au premier signal de la présence d'un rhinocéros.

On ne met ni plus d'ardeur ni plus de prudence pour entreprendre une guerre, pour attaquer un fort, que pour s'emparer mort ou vivant d'un rhinocéros qui va se défendre à outrance.

Cette petite armée ne se risque pas en rase campagne. Il y aurait un péril inutile à courir, en attaquant face à face un ennemi protégé par une carapace impénétrable. Ne croyez pas que ces hardis chasseurs se hissent sur les branches d'un arbre : ils courraient le danger d'être renversés par le pachyderme irrité, qui se mettrait à les poursuivre. Non, les chasseurs ont bâti de solides bastions à cinquante mètres les uns des autres, et c'est derrière cette fortification qu'ils attendent l'animal au passage, prêts à faire feu sans être aperçus.

Une fois embusqué, l'Asiatique se sent à son aise, affrontant la dangereuse mais impuissante colère du rhinocéros. Il arrive cependant quelquefois que le rhinocéros s'achemine sur le tas de pierres, et qu'il démolit la fortification afin d'atteindre son ennemi. S'il réussit, si le chasseur ne parvient pas à lui loger une balle au défaut de l'épaule ou dans l'œil, il est perdu. La colère et la vengeance de la brute ne connaissent pas d'obstacle. Dans une chasse qui eut lieu aux environs de Calcutta, en 1864, sur douze chasseurs acharnés à la destruction d'un de ces périlleux visiteurs, nul ne revint dans ses pénates.

A peu près à la même époque, dans une battue organisée aux environs de Chandernagor, un rhinocéros rendu furieux par un coup de feu qui l'avait blessé à la tête, et dont l'auteur s'était embusqué dans une cabane assez vaste, revint sur ses pas, s'acharna contre l'habitation, renversa, brisa, foula aux pieds les palissades qui entouraient le verger, ravagea les plantations, déracina les bananiers et les mangliers, et attaqua la muraille du logis avec une telle violence, que ceux qui s'y trouvaient renfermés, se voyant perdus, crurent prudent de se sauver par une porte de derrière. Mais le rhinocéros les aperçut au moment où ils sortaient; il s'élança à leur poursuite. Il parvint à atteindre un Malais qui, vu son âge, ne courait pas si vite que ses camarades, et le frappa à coups de corne, si bien que cette défense pénétra dans les reins de l'homme, qui y resta accroché. On vit alors l'animal faire des efforts inutiles pour se débarrasser du cadavre de l'infortuné, lequel restait toujours suspendu sur sa tête. La brute s'enfuit ainsi au milieu des bois, et disparut à tous les regards.

Certains chasseurs de rhinocéros s'imaginent que quand ils attaquent la bête le long d'un fleuve, il leur suffit de rester dans les embarcations pour être à l'abri des atteintes de l'animal. C'est là une erreur; car le monstrueux quadrupède nage comme un poisson et ne tarde pas à joindre ses assaillants.

Quelquefois, comme je l'ai déjà dit, c'est à l'aide d'un éléphant domestique et dompté que l'on livre bataille au rhinocéros. Rien n'est plus émouvant que d'assister à ce combat. L'air retentit de clameurs assourdissantes; la terre tremble sous les terribles secousses des deux colosses. Les chasseurs excitent le brave éléphant à l'aide de paroles menaçantes et affectueuses, et le piquent aux flancs et aux oreilles pour corroborer leur volonté.

Avant de se « colleter », les deux pachydermes s'arrêtent à quelques pas l'un de l'autre, et semblent attendre l'instant favorable de l'attaque : on dirait qu'ils cherchent à inventer quelque ruse pour s'assurer la victoire. Mais ils s'élancent : les longues défenses de l'éléphant glissent sur la carapace de fer qui protège les flancs du rhinocéros, tandis que celui-ci a fait une profonde entaille à la peau de son adversaire. L'éléphant, par chance, possède une trompe qui lui est d'un immense secours dans cette lutte effrayante : avec son aide il entortille le cou du rhinocéros, et cherche à l'étouffer en l'enlevant de terre. Mais le rhinocéros pèse de tout son poids sur le sol, en cherchant à se dégager de l'étreinte qui annihile ses efforts. S'il y parvient, il reprend haleine et s'élance tout d'un coup, comme un boulet de canon, sur l'éléphant. Mais ce dernier a prévu cette bousculade : il s'est tenu sur ses gardes, et l'on voit ses deux défenses disparaître dans la peau du rhinocéros. A ce moment, les chasseurs se précipitent et cherchent à trancher les jarrets de la brute, opération fort difficile et terriblement dangereuse. D'autres opèrent une décharge de leurs fusils, dirigée dans les endroits les plus favorables à amener la mort; mais il faut des balles nombreuses pour terrasser un animal aussi vivace. Par bonheur l'éléphant, avec sa sagacité remarquable, vient en aide à ses maîtres et ajoute ses coups de défenses à leurs coups de feu. Enfin la victoire reste aux chasseurs et à leur allié; le rhinocéros est tombé. Une fois par terre, il est promptement achevé.

Les dévastations causées par le rhinocéros sont quelquefois aussi funestes que celles produites par les orages et par les ouragans. Une des plus magnifiques plantations de M. Huskisson, aux environs de Pondichéry, perdit en une nuit toutes ses richesses par suite d'un combat que se livrèrent, dans les champs et les enclos, deux de ces énormes quadrupèdes en fureur. Rien ne resta debout; tout fut haché comme sous une grêle rapide, martelé, pilé; tout fut confondu: troncs filandreux de bananiers, cannes à sucre, riz, fruits, arbres et légumes; la terre était profondément creusée en plusieurs endroits; les bestiaux des étables rompirent leurs barrières et s'enfuirent épouvantés dans les campagnes; les maîtres se barricadèrent au fond de leurs caves, et le lendemain on trouva d'abord un rhinocéros étendu mort sur le sol, et, un peu plus loin, l'autre horriblement mutilé, mais qu'on eut encore beaucoup de peine à achever.

Qui le croirait? cet horrible animal, ce monstre, qui est le *nec plus ultra* de la brute, possède... un ami. Cet ami est un tout petit oiseau, que les naturalistes appellent le *baphaga africana*. On le voit perché sur le dos de la bête, se nourrissant des hideux insectes qui vermillent sur sa carapace. Ce volatile est pourvu de griffes longues et pointues, qui lui permettent de se cramponner solidement aux rugosités de la carapace de son compagnon. Ce qui consacre cette amitié, c'est moins le service que rend le baphaga au rhinocéros de le débarrasser des tiquets, que de l'avertir de la venue de ses ennemis. Les oreilles de l'oiseau sont aussi fines que son bec est pointu, et on l'entend tout à coup siffler trois ou quatre notes aiguës, qui prémunissent le pachyderme. Le voilà parti au pas de course. Gordon Cumming affirme que, quand le rhinocéros est endormi, son compagnon ailé le pique dans l'oreille afin de le réveiller, lorsque l'urgence de la fuite se fait sentir. Le célèbre chasseur raconte le mal que lui donna, pendant toute une journée, un baphaga perché sur un rhinocéros qu'il poursuivait depuis le matin. Pour se débarrasser de ce « veilleur » incommode, il fut obligé de le tuer d'abord d'un coup de plomb en grenaille. Une heure après, le rhinocéros tombait atteint par une balle bien dirigée de ce *hunter* intrépide.

Le plus célèbre chasseur de rhinocéros a été un Anglais du nom de Charles-John Anderson, qui, en 1850, entreprit, avec un de ses amis nommé Galton, une expédition dans les déserts de l'Afrique méridionale. Les deux chasseurs pénétrèrent dans le Damara et dans le pays des Ovampor. Cette excursion dura deux années, et le livre publié par M. Anderson à son retour en Angleterre a été justement prôné par tous les *sportsmen* de la Grande-Bretagne.

Doué d'une constitution de fer, Anderson voyageait à pied et endurait des fatigues sans pareilles, couchant sur le sol enveloppé dans sa couverture, vivant de privations incessantes, respirant une atmosphère pestilentielle, qui devait influer sur sa santé et abréger sa vie.

« Eh bien, dit-il à la fin de son ouvrage, quelles que soient les souffrances que j'ai supportées, quelque dure qu'ait été pour moi l'existence dangereuse que j'ai subie pendant deux années, si les circonstances me ramenaient encore en Afrique, je m'estimerais l'homme le plus heureux de la terre. »

C'est là le langage d'un véritable chasseur, et, comme Anderson, je regrette toujours de ne plus être assez jeune pour recommencer une *chasse dans l'Amérique du Nord.*

XXII

L'ANHINGA

La nature semble parfois, dans ses bizarres combinaisons, se plaire à rassembler les éléments les plus hétérogènes pour en créer un être en quelque sorte fantastique. Nous voyons nager, voler, ramper des animaux de formes similaires, et de là naissent des erreurs que les observations les plus attentives et les progrès de la science ont souvent peine à déraciner. Ainsi l'*oiseau serpent* a été, si l'on en croit Wilson, l'objet des fictions les plus extravagantes; les premiers voyageurs, qui avaient sans doute aperçu son long cou onduler au milieu des plantes aquatiques ou du feuillage des arbres, ne le signalèrent comme rien moins qu'un monstre moitié *serpent,* moitié *canard.*

Tout en paraissant justifier une opinion si extraordinaire, Buffon s'est rapproché de la vérité en disant, dans son langage si plein de sens, que ce curieux animal fait aisément naître l'idée d'un reptile enté sur le corps d'un oiseau.

Habitant de l'Afrique et du nouveau monde, ses mœurs, ses formes, son plumage, manquant rarement de fixer l'attention des observateurs, on ne s'étonnera point qu'il ait reçu divers noms en différents lieux. Les Hottentots l'appellent

assez exactement *slange hals voogel* (oiseau à cou de serpent); Scopoli le désigne par la dénomination de *plotlus;*
Moehr, par celle de *ptinx;* Linné et Klein, par celle de
plotus, adoptée dans la plupart des systèmes et catalogues
nouveaux. Audubon, qui s'est rangé à cette opinion, ajoute
que les créoles de la Louisiane, aux environs de la Nouvelle-
Orléans, le connaissent sous le nom de *bec-à-lancette,* tandis qu'à l'embouchure du Mississipi on lui donne celui de
corneille d'eau, et dans la Caroline du Sud celui de *cormoran.* Il y a plus, quelques-uns de nos frères d'outre-mer
tiennent beaucoup à se montrer classiques; aussi les naturels
des parties méridionales de la Floride lui décernent-ils le
titre de *dame grecque* (*Grecian lady*) sans qu'Audubon
nous initie au motif de cette appellation flatteuse. L'infatigable ornithologiste, qui, pour son compte, lui donne en
langage commun le nom de *darter à plastron noir,* avoue
cependant qu'il est plus généralement connu sous celui d'*oi-
seau-serpent* (*snake-bird*).

Brisson et Buffon l'ont baptisé *anhinga.*

La classification de cet étrange oiseau est des plus difficiles, puisqu'il participe à la fois du cormoran, du pélican et
du héron. Si ses ailes et sa queue lui donnent une analogie
décidée avec le cormoran, il faut pourtant reconnaître que
son corps est plus gros et moins allongé, qu'il a plus d'envergure, et que sa queue, plus longue, qui fait un utile con-
trepoids à son cou, lui sert de gouvernail pour la direction
de son vol.

Quant aux formes internes, le sternum de l'anhinga ressemble tellement à celui du cormoran, et par conséquent à
celui du pélican, qu'il faut une attention extrême pour distinguer l'un de l'autre.

Outre ce premier rapprochement avec le pélican, il en est
d'autres encore plus caractéristiques, qui ont déterminé les
ornithologistes à l'agréger à la même famille. L'anhinga
porte sous le bec une poche peu développée, il est vrai, mais
de la même forme que celle du pélican; une simple protubérance oblongue lui tient lieu de langue; le système cellu-

laire sous-cutané très développé, surtout les cellules longitu-
dinales du cou, rappellent la construction du héron, dont le
bec et les os du cou, qui présentent la même courbure entre
les septième et huitième vertèbres, semblent avoir servi de
modèle à ces mêmes parties de l'anhinga.

Nous devons à Levaillant une magnifique description de
l'anhinga d'Afrique; il lui donne un bec et des pieds jaunes;
le dessus et le derrière de la tête rouge-brique, bordés d'une
sorte de ruban noir descendant jusque sur les épaules; le
front et les côtés du cou d'un blanc pur; la gorge et la partie
antérieure du cou d'un jaune d'ocre pâle; la partie inférieure
du cou rougeâtre et semée d'ocellations blanches; les ailes,
le manteau, les grosses pennes des ailes et de la queue de
couleur brune, mais chatoyant de reflets verdâtres.

Quant à l'anhinga d'Amérique, Audubon est entré dans
les détails les plus minutieux sur ses formes et son plumage.
Chez le mâle adulte, dit-il, le bec, deux fois plus long que
la tête, petite et oblongue, est presque droit, effilé, garni
d'un sac orange, et se termine en pointe très aiguë; les mandibules, légèrement courbées en sens inverse, garnies d'une
dentelure très fine et très acérée, sont, celle d'en haut, de
couleur olive foncé à bords jaunes, et celle d'en bas, d'un
jaune brillant à bords verdâtres; le cou, noir, très long et
mince, qui se dilate comme celui du cormoran, se détache
du corps, de même couleur lustrée, mince et élongé, et semé,
aux parties inférieures de derrière, de petites taches blanches
oblongues formant deux larges bandes; le tarse très court,
olive foncé par devant, jaune par derrière, et écaillé, est attaché à des pieds vigoureux, dont les ongles brun-noir sont
grands, forts, courbés et très aigus, et les doigts unis par
une membrane épaisse.

L'œil, rouge, est entouré d'un espace nu, bleu verdâtre;
les plumes de la tête, du cou et du corps, d'un vert noir
lustré, sont serrées, lisses, soyeuses, oblongues, les barbes
désunies vers le bout. Cette uniformité de couleur serait
complète si, de chaque côté, vers le milieu du cou à partir
de l'œil, on ne trouvait une autre série de plumes élongées,

étroites, peu serrées, d'un blanc pourpré ou lilas pâle, longues d'un pouce au moment de la couvaison. Les pennes scapulaires, d'un bleu noir brillant, très élongées, lancéolées, se terminent en pointes raides, mais élastiques; les ailes, tachetées de blanc dans la partie supérieure, sont garnies de pennes fortes, fermes et courbées, variant de longueur entre elles; la queue, de mêmes nuances que les ailes et les scapulaires, étroite à la base, se compose de douze plumes très fortes, s'élargissant graduellement jusqu'à leur extrémité, et bordées d'une bande rouge-brun qui s'éclaicit jusqu'au blanc; les deux plumes du milieu sont en outre curieusement marquées de lignes transversales alternativement élevées et déprimées. La longueur de l'oiseau, de la tête jusqu'au bout de la queue, mesure 90 centimètres; son poids est de un kilogramme six grammes.

Le plumage de la femelle adulte ne diffère guère de celui du mâle que par des teintes moins foncées et moins distinctes.

Outre leur obstinée persévérance, on ne saurait trop admirer le mépris des dangers, des fatigues de toutes sortes, que bravent volontairement les naturalistes entraînés par leur amour pour la science. La chasse aux anhingas nous en fournit de singuliers exemples.

Commençons par Levaillant.

Avide d'observer deux anhingas dans le voisinage de l'habitation d'un Plutus africain, il put en approcher assez pour les voir plonger et saisir des poissons de taille moyenne qu'ils avalaient sur place; mais quand la proie était hors de proportion avec leurs cous effilés, ils prenaient leur vol vers une roche ou un tronc d'arbre, et là mettaient en pièces leur victime à coups de bec.

Ils avaient construit leur nid très près d'un cours d'eau, afin d'y lancer aisément leurs petits, soit qu'ils fussent devenus en état de nager, soit qu'un danger pressant ne leur laissât d'autre refuge que cet élément tutélaire.

Levaillant fit longtemps de vains efforts pour enrichir ses collections de ces curieux oiseaux. Il réussit bien plusieurs fois à les approcher à portée; mais on en était encore au bon vieux temps du fusil à pierre, et les plongeurs, nageant entre deux eaux, ne laissaient en vue que leurs têtes, qui disparaissaient au moment même où le silex émettait l'étincelle. Ainsi, tandis que le chasseur, plein d'espoir, cherchait à démêler, au milieu des flocons de fumée, l'effet de son adresse, l'oiseau rusé le trompait par une course sous-fluviale et s'envolait au loin derrière lui. Un jour enfin, la fortune lui devint favorable, et le récompensa en une fois de ses inutiles travaux si souvent répétés : les deux oiseaux tombèrent sous ses coups.

Le docteur Bachman, à son tour, nous raconte ses épreuves dans sa description de la terre natale des oiseaux-serpents. Il se rendit, en juin 1837, au marais de Chisolm, à environ sept milles de Charlestown, dans la Caroline du Sud. Dès son arrivée, un oiseau passa sur sa tête, se dirigeant vers la partie supérieure de l'étang, en un lieu écarté et presque inaccessible, derrière de hautes herbes marécageuses. On n'en pouvait approcher que par eau. Notre aventurier ne trouva sur les bords qu'un mauvais petit canot qu'il calfata de son mieux, sans parvenir néanmoins à empêcher l'eau d'y pénétrer. Deux personnes seulement pouvaient s'y placer. Trois amis qui l'accompagnaient prirent aisément leur parti de demeurer à terre. Le docteur et son domestique, qui s'entendaient parfaitement à manœuvrer cette frêle barque, se mirent bravement en route.

Ils se trouvaient sur une *réserve,* mot qui, dans le pays, désigne un étang creusé de main d'homme. Cette réserve avait pour objet d'arroser des terres et de couvrir des champs de riz. Elle était semée de petites îles couvertes d'épais bouquets d'une petite espèce de laurier (*laurus geniculata*) et de saules noirs (*salix nigra*) entremêlés de smilax et d'autres plantes. Les chasseurs trouvèrent ces îles couvertes de nids de hérons de diverses espèces; puis ils arrivèrent à une peuplade de bihoreaux (hérons de nuit, *night herons*); plus loin encore, chaque coup d'aviron augmentait les difficultés. Une boue profonde et liquide parut bientôt à la surface de l'eau;

le bateau, outre qu'il ne flottait plus, était à chaque pas
retenu par les lianes et les roseaux. De gros chênes verts et
des cyprès élevaient au ciel leurs majestueuses branches couvertes de mousses d'Espagne tombant jusque sur l'eau, et si
épaisses qu'elles interceptaient le jour. D'énormes alligators
se vautraient dans la vase ou s'élançaient des nombreux
troncs d'arbres, autour desquels fourmillaient des terrapères,
des serpents et autres reptiles. Le docteur et son compagnon
avaient non seulement à se garder de chavirer dans cette
boue dangereuse à tant d'égards, mais encore à se défendre
des myriades de moustiques qui s'acharnaient sur eux. Après
une marche très lente, ils entrèrent enfin dans un espace
ouvert, où les arbres n'atteignaient qu'à une hauteur modérée. Là le docteur reçut sa récompense par la vue sans obstacle d'un nid d'anhingas. La femelle couvait en ce moment;
à l'approche du bateau, elle se hucha, par la force de son
bec, sur une branche située à un pied au-dessus d'elle, et
sur laquelle elle resta le cou tendu, immobile comme une
statue. Le bon docteur, quoique zoologiste accompli, était,
à ce qu'il semble, un chasseur fort médiocre; mais il l'avoue
lui-même de si bonne grâce, qu'il serait déplacé de s'appe-
santir sur cet incident.

« Me trouvant, dit-il, à vingt mètres de cette intéressante
créature, je dirigeai vers elle ma courte carabine; le balan-
cement du canot, ou peut-être mon peu d'habitude, la sauva;
elle conserva son immobilité; trois fois je fis feu sans parvenir à la toucher; enfin, une balle ayant brisé la branche
qui la soutenait, elle ouvrit ses ailes, et, prenant son vol,
elle se trouva bientôt hors de portée et conséquemment hors
de tout danger. »

Venons maintenant à Audubon, qui donne pour patrie aux
anhingas les Florides et les basses terres de la Louisiane, de
l'Alabama et de la Géorgie. Quelques-uns, suivant lui, passent
l'hiver dans la Caroline du Sud ou dans quelque autre district à l'est de cet État; d'autres, au printemps, s'avancent
jusque dans la Caroline du Nord et procréent le long de la
côte. Il en a trouvé, au mois de mai, au Texas et sur les

eaux de la rivière Saint-Hyacinthe, où ils pondent, dit-on, et passent aussi l'hiver. Il a encore remarqué que ces oiseaux remontent rarement le Mississipi au delà du voisinage des Natchez, d'où presque tous redescendent aux bouches de ce grand cours d'eau et vers les nombreux lacs et étangs qui l'avoisinent, où il les avait observés. « Ceux, dit-il, qui remontent le Mississipi, ceux qui visitent les Carolines, arrivent à leurs lieux de repère au commencement d'avril, parfois même en mars, et y restent jusqu'au commencement de novembre. »

Suivons maintenant notre naturaliste dans les scènes sauvages pour lesquelles il se sentait un insurmontable penchant.

Il passa bien des jours d'été au milieu des marécages les plus effrayants des profondes forêts de la Louisiane, observant dans une anxiété silencieuse les mœurs de cet oiseau. Il vit la femelle se poser sur son nid, construit avec un soin tout maternel sur une grosse branche d'un cyprès très élevé, qui s'élançait du milieu d'un lac, comme jeté par la main de quelque magicien. Elle suivait d'un œil inquiet tous les mouvements de la buse rusée ou de l'artificieuse corneille, dans la pensée que ces maraudeurs pourraient bien lui dérober son trésor. Au-dessus du nid planait le mâle, observant tour à tour les nombreux ennemis de sa race et sa chère compagne, dont il partageait cordialement et les peines et les joies.

« Au vol, il se meut, dit Audubon, en cercles plus larges à mesure qu'il s'élève, jusqu'à ce qu'enfin, n'apparaissant plus que comme un point noir, il s'évanouisse presque entièrement dans la vaste étendue du ciel bleu ; puis tout à coup, fermant ses ailes, s'abandonnant à son poids, il vient se poser sur le bord de son nid. »

Vingt jours plus tard, notre observateur trouva sous le cyprès les coquilles des œufs flottant sur la vase verte de l'eau stagnante ; la mère en avait débarrassé sa demeure. Profitant d'un moment favorable, il se hâta de grimper au nid, dans lequel les jeunes oiseaux, couverts de duvet, ondu-

laient déjà instinctivement leurs longs et faibles cous, et
ouvraient leur bec pour recevoir leur nourriture. Se retirant
alors vers un lieu caché, il vit bientôt arriver la mère avec
de nouvelles provisions, composées de poissons pêchés dans
le lac, et distribuer à chacun de ses enfants sa part toute
préparée. Il observa la croissance des jeunes oiseaux, suivant chaque jour leurs progrès, évidemment influencés par
les variations de la température et l'état de l'atmosphère.
Peu de jours après, ils se levaient presque droit dans un
espace à peine suffisant pour les contenir, et, bien que leurs
parents leur prodiguassent encore des témoignages de leur
tendresse, il crut cependant remarquer en eux quelque refroidissement. L'excellent homme ne vit pas sans regrets cette
désaffection apparente, qui n'était pourtant autre chose que
l'accomplissement des lois de la nature; sa tristesse redoubla
la semaine suivante, lorsqu'il vit les oiseaux chasser leurs
enfants de leur nid et les forcer à se précipiter, en tournoyant, dans l'eau qui les entourait de toutes parts. Il ne
comprit pas tout d'abord cet amour à la fois tendre et rigou-
reux; mais il découvrit bientôt que cette expulsion avait pour
double but d'apprendre aux jeunes oiseaux à se suffire à eux-
mêmes, et d'élever une nouvelle famille avant le commencement de la mauvaise saison.

Bien que les anhingas se montrent dans le voisinage de la
mer, où ils vont quelquefois couver, Audubon n'en a jamais
vu pêcher dans l'eau salée. « Ils montrent, dit-il, une préférence marquée pour les rivières, les lacs, les lagunes de l'intérieur, mais toujours dans les parties les plus basses du
pays. Plus le lieu est écarté et tranquille, plus ils s'y attachent
et y demeurent. Les eaux lentes des rivières et des lacs des
Florides favorisent merveilleusement leurs habitudes, parce
qu'elles contiennent en abondance des poissons, des reptiles,
des insectes; et, comme la température varie peu avec les
saisons, leurs approvisionnements sont à peu près certains.
Partout où ces conditions favorables se rencontrent dans les
autres parties des États du Sud, on trouve des anhingas en
nombre proportionné à l'étendue des localités. On n'en voit

que très rarement sur des courants rapides, et plus rarement encore sur des eaux limpides. Jamais on n'en rencontre sur un étang entièrement entouré d'arbres assez élevés
pour gêner leur vol; ils préfèrent ordinairement les pièces
d'eau fortifiées de marécages profonds et presque impénétrables, semées, vers le centre, de quelques grands arbres
des branches desquels ils puissent apercevoir l'approche
d'un ennemi assez aisément pour fuir en temps utile. Selon
Audubon, l'anhinga ne plonge point d'un lieu élevé pour
saisir sa proie. Quelques naturalistes cependant assurent
le contraire, se fondant sans doute sur son habitude de se
lancer quelquefois silencieusement dans l'eau, du lieu où il
perche, pour aller ensuite nager et plonger à la façon du cormoran.

Au printemps, les anhingas ne vont jamais que par
couples; mais, en hiver, ils semblent se plaire en troupes;
on en rencontre ensemble jusqu'à huit et même davantage,
Ce n'est toutefois que dans des occasions fort rares qu'Audubon, se trouvant au sud de la Floride, en découvrit par cen-
taines et s'en procura un grand nombre sur la rivière de
Saint-Jean, les lacs qui l'environnent et ceux d'une plantation
voisine, située à l'est de la péninsule. Là il observa que les
jeunes anhingas, comme les jeunes cormorans, les jeunes
hérons et beaucoup d'autres oiseaux, se séparent des vieux
de leur espèce dès qu'ils ont atteint toute la perfection de
leur plumage.

L'anhinga est un oiseau de jour, aimant, comme le cormoran, à retourner tous les soirs, vers la brune, dans les
mêmes lieux, tant qu'on ne vient point l'y molester. Audubon
en avait vu plusieurs fois de trois à sept se poser, pour y
passer la nuit, sur les hautes branches mortes d'un arbre
élevé. Lorsqu'il en eut tué et blessé quelques-uns, le reste
abandonna la place et alla chercher une noise très sérieuse
à une autre compagnie domiciliée à deux milles plus loin,
et dans laquelle les émigrés ne parvinrent qu'après de longues
contestations à obtenir le droit de bourgeoisie.

Malgré les analogies extérieures dont nous avons parlé

avec le cormoran, les anhingas en diffèrent grandement lorsqu'ils sont au repos, tant pour les habitudes que pour les
postures. Ainsi, tandis que les cormorans perchent côte à
côte, les anhingas conservent entre eux quelques pieds ou
quelques mètres de distance, suivant la nature des branches.
Dans leur sommeil, ils ne fléchissent pas sous eux comme
font les cormorans; ils restent presque droits, la tête enfouie
sous les plumes scapulaires, et faisant de temps à autre entendre une espèce de sifflement. Lors des temps pluvieux,
ils restent généralement au perchoir pendant la plus grande
partie du jour, droits sur leurs jambes, le cou et la tête
élevés, immobiles, comme pour laisser égoutter l'eau de leur
plumage; parfois ils se hérissent, se secouent violemment
et ne tardent pas à reprendre leur immobilité.

Audubon, pour se procurer des sujets, profita de ce penchant à percher dans les mêmes lieux. Se trouvant, en hiver,
sur une plantation dans la Floride, il visitait d'habitude un
chenal tortueux, qui s'étendait à plus d'un mille; les anhingas s'y montraient dans toute leur force; là aussi la loutre,
l'alligator et nombre d'oiseaux de diverses espèces trouvaient
une nourriture abondante. Il sut bientôt que les anhingas
perchaient sur un grand arbre mort. La place était bien
choisie; les précautions les plus minutieuses, les efforts les
plus constants échouaient devant l'impossibilité d'approcher
en bateau, ou de se glisser entre les ronces, les cannes et
les palmiers nains qui encombraient les rives. Il rama donc
directement vers l'arbre, accompagné de son fidèle et intelligent terre-neuve. Les oiseaux, dès qu'ils l'aperçurent,
prirent leur vol en remontant le courant; mais, ayant placé
deux nègres avec l'ordre de les faire rabattre sur lui, il fit
avancer sa nacelle, se cacha avec son chien dans les plantes
enchevêtrées, sans perdre de l'œil son arbre mort, où bientôt
un anhinga, ignorant le danger, vint se poser et se mouvoir
en tous sens, comme s'il eût pris à tâche de favoriser les
études du naturaliste. Peu après il tombait foudroyé dans
l'eau, où le chien, allant le chercher, fit disparaître toute
trace de cette première expédition. Audubon put ainsi, en un

seul jour, s'assurer de quatorze de ces oiseaux, et, nous regrettons de le dire, en blesser plusieurs autres. Il s'appesantit avec complaisance sur l'approche difficile de ces arbres à anhingas toujours surplombant l'eau, qu'ils s'élèvent sur la rive ou au milieu d'un lac. C'est sur ces arbres que ces oiseaux saluent joyeusement les premiers rayons du soleil; que plus tard, les ailes et la queue étendues, le bec ouvert, la poche pendante, ils attestent la chaleur intense de son ardent foyer, ce qui leur fait donner aussi le nom d'*oiseaux du soleil*, qu'ils lancent par saccades soudaines leur long cou et leur tête dans toutes les directions, laissant bien loin derrière eux toutes les contorsions des torcols. Les récits d'Audubon sont tellement vrais, tellement animés, que nous croyons le voir patauger dans la boue et la vase, se réjouir, au lieu de se plaindre, du refroidissement de tout son corps, et s'éloigner, non sans regret, de cette rive où il laissait des myriades de mouches avides, de cousins, de moustiques, qui l'avaient martyrisé pendant des heures entières, alors qu'il observait les mouvements des « dames grecques ».

Comme il remontait un jour la rivière de Saint-Jean, dans la Floride orientale, son bateau entra dans un bassin circulaire d'une eau claire et peu profonde. Là Audubon eut l'occasion d'observer la manœuvre d'un anhinga femelle pour tromper son ennemi dans une situation critique. Dès que le bateau avait paru, l'oiseau avait jeté sa tête en avant, comme pour mesurer attentivement le danger. Il lui eût été facile de s'échapper; l'espace, entouré d'arbres très élevés, était des plus resserrés; il n'y avait qu'à prendre son vol et passer rapidement au-dessus de la tête des chasseurs : peu d'instants auraient suffi pour le mettre en sûreté; ce coup, apparemment, lui parut trop audacieux. Il laissa arriver le bateau presque jusqu'à toucher l'arbre qui le portait, puis se jetant tout à coup en arrière, comme par un saut périlleux, couvert par les branches, il s'élança du côté de la forêt, dont l'épaisseur le mit bientôt hors de vue.

Audubon relève une erreur très répandue, qui prête à l'anhinga l'habitude de cacher, en nageant, son corps sous la surface de l'eau. Il use, en effet, de ce moyen lorsqu'il craint un danger; mais en toute autre occasion il nage de la même manière que les autres oiseaux. Dès qu'un anhinga aperçoit un ennemi, il disparaît rapidement, comme le cormoran, le harle, le grèbe, etc.; plus le danger est proche, plus il plonge profondément, et si adroitement et en déplaçant si peu d'eau, qu'il laisse à peine quelque ride sur le lieu de sa disparition. Puis il revient à la surface, ne sortant de l'eau que sa tête et son cou, dont les formes particulières et les mouvements onduleux rappellent alors, à s'y tromper, les formes et les habitudes du serpent; la tête se tourne constamment de côté et d'autre, et le bec s'ouvre souvent, sans doute pour aspirer tout l'air nécessaire à un nouveau plongeon. D'autres fois, il ne fait que tracer avec son bec un léger sillage presque imperceptible même à une courte distance.

Lorsqu'il pêche sans être inquiété, il plonge exactement comme le cormoran, revenant à la surface avec le poisson qu'il a saisi et qu'il secoue vivement. Si sa proie est trop grosse, il la jette en l'air, la reçoit dans son bec, l'avale et plonge de nouveau.

Lorsqu'un anhinga est blessé au perché, il ne manque jamais de tomber perpendiculairement dans l'eau, le bec en avant, les ailes fermées, la queue repliée; il parcourt alors au-dessous de la surface tant de chemin, qu'on peut rarement s'en emparer. Si on s'acharne à le poursuivre, il plonge le long des bords, s'attache par les pieds aux racines des arbres ou des plantes aquatiques, et demeure ainsi suspendu jusqu'à ce que la vie lui échappe. Si, sur un arbre, il se sent frappé mortellement, il grimpe parfois résolument aux branches supérieures pour se soustraire au chasseur, qui, dans ce cas, n'a d'autre parti à prendre que d'attendre sa chute. S'il tombe blessé sur la terre, il se défend avec courage, regardant fièrement son ennemi; si on le saisit par le cou, il déchire de ses ongles aigus ou frappe dangereusement de ses ailes. Souvent Audubon a vu sa victime épier son approche ou celle de son chien, se lever, rester ferme, au-

tant que la douleur pouvait le lui permettre, la tête en
arrière, le bec ouvert, le cou gonflé de colère, s'élancer à
un moment calculé, frapper ou saisir de son bec effilé et
tranchant, et causer ainsi une forte et douloureuse blessure.

Les nids de ces oiseaux sont placés tantôt sur des arbres
peu élevés, à huit ou dix pieds au-dessus de l'eau, si l'endroit est écarté, tantôt sur les branches les plus élevées des
plus grands arbres. Dans les États de la Louisiane et du
Mississipi, on les trouve généralement sur de grands cyprès
au centre de lacs ou d'étangs, ou surplombant les bords des
lagunes ou des fleuves à cours lents, loin des lieux habités.
Ces nids, souvent solitaires, sont parfois entourés de cen-
taines et même de milliers de nids de diverses espèces de
hérons, surtout de grands hérons blancs et bleus. Tous sont
à peu près de même dimension, de même forme, construits
des mêmes matériaux. Le docteur Bachman en possédait
un de deux pieds de diamètre, peu profond et ressemblant à
celui du cormoran de la Floride. Le fond se composait de
bâtons secs croisés, dont quelques-uns avaient un demi-
pouce de diamètre. La partie supérieure, aussi solide que
chez tout autre nid de la famille des hérons, était faite de
branches vertes du myrte commun, de beaucoup de mousse
d'Espagne et de quelques racines légères. Ce nid contenait
quatre œufs ; un autre, observé le même jour, contenait
quatre jeunes oiseaux ; un autre encore n'en contenait que
trois. M. Abbott, de Géorgie, a avancé qu'un nid qu'il exa-
mina contenait deux œufs bleu de ciel et six petits vivants,
presque tous à différents degrés de croissance. Audubon
s'inscrit en faux contre cette assertion, et déclare qu'elle n'a
jamais été confirmée par l'expérience ; mais il se range à
l'avis de M. Abbott, quant à la coutume de ces oiseaux d'occuper le même arbre pendant une suite d'années. Il en a vu
un couple couver dans le même nid pendant trois saisons
consécutives, l'agrandissant et le réparant à chaque printemps, comme ont coutume de faire les cormorans et les
hérons. Selon le même auteur, les œufs, de forme allongée,

ont en moyenne deux pouces cinq huitièmes de bout en bout,
un pouce un quart de diamètre; ils sont d'un blanc terne
uniforme, et couverts d'une substance calcaire sous laquelle
on trouve, en la grattant, la coquille d'un bleu clair, .res-
semblant exactement, à cet égard, aux œufs des diverses
espèces de cormorans d'Amérique. Il signale aussi deux différences sensibles entre l'anhinga et le cormoran. L'anhinga
marche rapidement vers la perfection de son plumage,
qu'il conserve intact pendant toute sa vie, les mues succes-
sives n'altérant en rien les couleurs; tandis qu'au contraire
il faut au cormoran deux à trois ans pour arriver à son
apogée.

C'est une loi de la nature que les carnivores ou piscivores
supportent aisément de longs jeûnes, parce que, leurs repas
étant fort précaires, il faut qu'ils puissent rester plusieurs
jours et plusieurs nuits sans manger. L'anhinga ne fait pas
exception à cette règle; mais on a lieu de s'étonner de la
prodigieuse quantité de poissons qu'il consomme. Le docteur
Bachman et Audubon donnèrent un jour à un de ces oiseaux,
âgé d'environ sept mois, un poisson de neuf pouces et demi
de longueur sur deux de diamètre, lequel disparut immédiatement tout entier. Une heure et demie plus tard, la digestion
étant évidemment terminée, le glouton emplumé avala encore
trois autres poissons de la même taille. Une autre fois, ils
placèrent devant ce même oiseau plusieurs poissons longs
d'environ sept pouces et demi; il en engloutit neuf l'un après
l'autre, et il en aurait dévoré bien davantage si on l'eût
laissé faire. Enfin il avala aussi des plies de sept pouces de
large; il lui suffisait d'allonger le cou pour les comprimer et
les faire descendre. Toute espèce de poisson lui était bonne,
excepté les anguilles, objet de son antipathie marquée, et
qui, de leur côté, paraissaient se trouver fort peu à l'aise
dans son estomac, aussi éprouvait-il de grandes incommo-
dités à les conserver dans leur étroite prison. Cependant,
tourmenté pendant quelque temps par cette proie vivante,
l'oiseau redoublait d'efforts, et finissait par se rendre maître
de ces hôtes incommodes. En d'autres circonstances, il plon-

geait dans une flaque profonde, et revenait tenant dans son bec une écrevisse, qu'il serrait et frappait évidemment pour briser sa cuirasse avant de l'avaler; au reste, il ne prenait jamais de poisson sans l'apporter à la surface et sans lui faire subir une opération semblable. On ne saurait douter que les anhingas ne se repaissent principalement de poisson; mais l'expérience a fait connaître qu'ils varient leur nourriture au moyen d'écrevisses, d'insectes aquatiques, de sangsues, de crevettes, de têtards, d'œufs de grenouille, de lézards et de serpents d'eau, de petits terrapères, de jeunes alligators, etc.

Il y a beaucoup à apprendre avec les animaux soumis à une domestication peu sévère. Audubon, en entrant un jour dans la maison d'un planteur, près de la rive occidentale du Mississipi, remarqua deux jeunes anhingas si bien apprivoisés, qu'ils suivaient partout leur maître et leur maîtresse. Ils prenaient indifféremment des poissons ou des crevettes, et se contentaient, lorsqu'ils n'en trouvaient pas, de maïs bouilli, dont ils becquetaient les grains un à un, à mesure que le maître les leur jetait. Ils revenaient régulièrement le soir se poser au haut de la maison.

Le docteur Bachman a donné un récit des plus intéressants des mœurs de ces oiseaux en état de domesticité. Il en avait apporté chez lui trois jeunes, dont l'un, donné à un ami, ne put arriver à bien et mourut, encore jeune, d'une affection spasmodique. Les deux autres furent élevés dans la même cage, et « c'était chose curieuse, dit le docteur, que de voir le plus petit s'efforcer obstinément, lorsqu'il avait faim, d'introduire son bec dans le cou de son compagnon, qui, cédant complaisamment à ces tracasseries, se laissait retirer le poisson qu'il avait avalé pour se nourrir ».

Malheureusement le gros anhinga mourut, pendant une courte absence du docteur, par la négligence d'un domestique, sort réservé aux favoris abandonnés aux soins des valets. Il ne resta donc plus que le petit, sur lequel le docteur concentra dès lors toutes ses études. « Cet oiseau, dit-il, se nourrit de poisson, qu'il jette en l'air après l'avoir tiré de

l'eau, et qu'il absorbe à la première occasion favorable,
c'est-à-dire quand le poisson tombe, la tête en bas, dans la
direction de son bec. D'abord, quand le poisson était gros,
je le coupais par morceaux, pensant que le cou étroit de l'oiseau ne pourrait se dilater assez pour le contenir tout entier;
mais je m'aperçus bientôt que je prenais là une précaution
inutile. Un jour, après avoir ballotté entre ses mandibules
élastiques un poisson trois fois plus gros que son cou, il
l'engloutit d'un trait et vint aussitôt à mes pieds, faisant claquer son bec d'une manière si intelligible, que je n'hésitai
pas à augmenter la pitance. Cet oiseau se montra susceptible d'attachement dès le début de sa captivité; il me suivait dans la maison, dans la cour, dans le jardin, et près
d'un étang où je le jetais, pensant que l'eau lui plairait et
fortifierait sa santé; mais je le vis invariablement regagner
le rivage avec toute l'agilité d'un canard. Ce ne fut que lorsqu'il eut atteint tout son plumage que ses goûts se modi-
fièrent; il commença alors à montrer une grande affection
pour l'eau; toutes les fois qu'il me voyait me diriger vers
l'étang, il me suivait en se dandinant, et dès qu'il voyait
son élément favori il y courait, non pour s'y jeter, mais
pour y descendre posément au moyen d'une planche; il na-
geait d'abord en enfonçant dans l'eau son long cou pour y
poursuivre le poisson; puis il plongeait de tout son corps;
l'eau était assez limpide pour qu'aucun de ses mouvements
ne m'échappât : je le voyais, après quelques tours et détours,
remonter à quarante ou cinquante mètres du lieu où il avait
disparut.

« Il était hardi au point d'attaquer dans la cour les poules,
les dindons, les chiens même, en leur portant, à droite et
à gauche, des coups de son bec acéré. Il se plaçait ordinairement le premier à l'auge où se mettait la nourriture commune, et empêchait ses commensaux de toucher un seul
morceau avant qu'il eût fait son choix; mais, sa gourmandise
une fois satisfaite, il les laissait partager entre eux tout ce
dont il ne se souciait pas pour lui-même.

« Cet oiseau, pendant les nuits d'été, dort en plein air,

perché sur les plus hautes branches des haies, la tête cachée
sous ses ailes ; dans les temps pluvieux, il reste immobile
presque tout le jour. Il se montre très sensible au froid, se
retirant près du feu à la cuisine, où il dispute la meilleure
place du foyer aux chiens et aux hommes. Quand le soleil
brille, il étend ses ailes et sa queue, secoue ses plumes, et
semble au comble de la joie au retour de nos jours les plus
chauds et les plus resplendissants. S'il marche ou sautille, il
ne s'appuie pas sur sa queue comme fait quelquefois le cormoran. Lorsqu'on lui présente des poissons, il les saisit avec
son bec et les avale gloutonnement; mais, quand on ne peut
s'en procurer, il faut bien qu'il se contente de viande. Si ce
régime vient à lui déplaire, il passe bien, de temps à autre,
plusieurs jours sans manger; mais en ce cas il devient très
tracassier, fatigue tout ce qui l'entoure de ses cris continuels,
et frappe de son bec les domestiques, comme pour les punir
de leur négligence.

« Il s'échappa un matin et donna lieu à une scène plai-
sante, digne du pinceau de notre inimitable Cruikshank.
Sorti de la cour, il s'enfuit vers un étang situé à un quart de
mille, dans lequel il se jeta. Affamé depuis plusieurs jours, il
s'approcha, le bec ouvert, de quelques enfants qui jouaient
dans un bateau. Effrayés à la vue d'une si étrange créature
surmontée d'une tête qu'ils prenaient pour celle d'un serpent prêt à les dévorer, ils ramèrent vers le bord pour lui
échapper. L'oiseau prit la même direction et arriva à terre
en même temps qu'eux. Ils s'enfuirent alors, toujours poursuivis, chez leurs parents, d'où l'anhinga, reconnu, me fut
aussitôt renvoyé. |Instruit par cette expérience, et dans la
crainte de le perdre, je n'hésitai pas à lui couper une de ses
ailes. »

Dans la saison printanière, ces oiseaux, comme les cormorans, les faucons, les corneilles, les hirondelles et quelques
autres, se recherchent en volant; ils font alors entendre une
sorte de sifflement rapproché de celui des oiseaux de proie,
et qu'on a essayé de rendre par la syllabe trois fois répétée
ik, ik, ik, le premier son *crescendo,* et les deux autres *dimi-*

nuendo. Sur l'eau, leur chant d'appel ressemble au grognement du cormoran de la Floride, ce qui peut-être les a fait
confondre avec lui. Ils plongent sous toute espèce de matières
flottantes, les masses d'herbes mortes ou de feuilles accu-
mulées par le vent ou quelque courant, et même le manteau
vert des eaux stagnantes.

XXIII

UNE CHASSE AUX DIABLOTINS

L'ascension au volcan de la Soufrière est un fait très ordinaire, qui se renouvelle fréquemment, même pour les dames; mais l'aspect du pic *Sans-Tonché* leur est interdit, en raison du prodigieux escarpement des pentes et du grand nombre de précipices qui les bordent.

Je fis, il y a quelques années, dans ces lieux ravissants, si pleins de poésie, d'où sont bannis glaces, neiges et frimas, et où règne en souverain magnifique l'astre-roi, une excursion dont le souvenir est resté gravé dans ma mémoire.

Je partis de ma caféière, à quatre heures du matin, avec mon jeune ami M. B... Nous cheminâmes au clair de lune, et, après avoir passé à gué la rivière, nous allâmes réveiller L..., un voisin. Sa femme voulut bien nous aider à compléter quelques préparatifs de voyage que j'avais négligés; puis notre troupe, ainsi augmentée d'un nouveau membre, se dirigea vers la case de Martial, qui, ainsi que vous le savez, est le premier chasseur de *diablotins* du canton.

Nous le trouvâmes debout, ainsi que deux autres de ses

camarades. Pour faire honneur au gouverneur, qui devait être de la partie, ils voulurent prendre les devants en éclaireurs et nous frayer le sentier en abattant les broussailles.

Nous rencontrâmes au milieu de la route M. P..., qui nous attendait depuis longtemps; craignant d'être trop tard rendu, il était arrivé trop tôt au rendez-vous, et, pendant toute une heure, il s'était impatienté de ne voir venir ni le jour ni ses compagnons.

Le cortège, réuni, défila sous le berceau de pommiers roses qui forment une splendide avenue à l'hôtel du gouvernement.

Le coup de canon de cinq heures nous jeta du fort Richepanse, ses grondements majestueux, cent fois répétés par l'écho des montagnes, à l'instant où nous entrions dans le vestibule.

La sentinelle arrêta au passage des hommes costumés d'une manière aussi étrange que nous l'étions, et nous cria son *qui vive!* le plus imposant.

« Nous venons prendre le gouverneur, lui répondis-je en riant de la méprise, et le conduire dans les bois. »

Le jeune soldat comprit qu'il s'était à tort alarmé, et me laissa pénétrer chez l'aide de camp, qui fut aussitôt réveiller le gouverneur.

Du café brûlant et délicieusement parfumé nous fut offert avec cordialité, et quelques instants après nous nous mîmes en marche, en côtoyant la voie ferrée autrefois construite par Hugues. Des fossés taillés dans la terre glaise servent de lits à de petits cours d'eau détournés de la rivière Rouge, pour mettre en mouvement les moulins des habitations qui se déploient sur le plan inférieur, s'inclinant vers la ville de la Basse-Terre.

Nous marchions ensevelis dans un profond silence, absorbés par les magnificences que la nature déroulait sous nos pas.

Le bruit des innombrables cascades qui accidentent le cours rapide de la rivière augmentait subitement ou s'éteignait insensiblement, suivant les déviations du sentier.

La température s'abaissait graduellement; une fraîcheur

pénétrante provoquait dans tout notre être une sorte d'en-
gourdissement qui n'était pas sans charme.

Les premières lueurs du jour luttaient encore avec les
sombres masses de vapeurs glissant du faîte des cimes pour
les livrer aux flots de lumière qui s'élevaient sur l'horizon à
la suite du soleil; nous avancions avec lenteur dans l'étroit
sentier qu'enserraient des massifs de pommiers roses, d'admirables fougères arborescentes; de mignonnes lianes s'en-
roulaient autour de leurs troncs raboteux; d'autres fougères,
d'un port plus humble, aux feuilles dorées ou argentées, des
mousses charmantes, véritables merveilles de délicatesse, com-
blaient les interstices et voilaient entièrement le sol argileux.

Nous nous habituâmes par degrés à l'émotion qui nous
avait d'abord subjugués; les langues se délièrent, puis commencèrent de joyeux propos. Par moments, la conversation
remontait à un ton plus grave, et nos pensées se reportaient
vers la France, l'avenir de la colonie, ces deux patries qu'un
commun amour réunissait dans nos cœurs. A mesure que
nous montions, la pente devenait plus raide, et les arbres,
diminuant de hauteur, étaient remplacés peu à peu par des
fougères et des mousses.

Nous fîmes halte dans une petite clairière, d'où nous
pûmes constater l'effrayante profondeur du lit de rocs sur
lequel roule torrentueusement la rivière Rouge, et entrevoir le
bout de notre excursion. Enfin, après trois heures de marche,
nous débouchâmes sur une étroite bande de verdure ressemblant assez à une prairie; elle est bornée d'un côté par le
sommet de la grande Découverte, et de l'autre par le Sans-
Tonché, dont l'élévation est à peu près la même que celle de
la Soufrière.

Le terrain n'est pas complètement plat et présente deux
pentes opposées, l'une qui descend vers la Basse-Terre, et
l'autre qui s'incline vers la commune de la Capesterre. Ce
point est la ligne de partage des eaux et n'a pas plus de trois
pieds de largeur.

Les nuages épais, qui se résolvent en pluie dans ce lieu,
s'épanchent dans des directions diamétralement contraires.

Les uns vont grossir la rivière des Pères, qui coule vers l'ouest, tandis que les autres se déversent par mille petits ruisseaux dans la grande rivière de la Capesterre, qui se dirige vers le sud-est.

Le climat de cette prairie est sujet à de brusques transitions; le calme y est l'exception, et la tempête, la règle générale.

Aucun arbre n'y croît; la végétation, brûlée par le vent et rabougrie, se compose de plantes d'un aspect tout particulier, qui ne dépassent pas trois pieds, et que l'on ne rencontre qu'à cette élévation.

Un grand nombre de ces végétaux étaient couverts de fleurs ou de graines. Une fureur de botanique s'empara de nous, et Dieu sait à combien d'hérésies elle donna lieu!... Je me hâte d'ajouter que ce fut à la suite du déjeuner, dont il faut que je vous parle pourtant.

Vous nous avez vu cheminant dans les bois, remplis d'un juste enthousiasme pour les sévères beautés devant lesquelles nous passions; mais, hélas! la nature humaine est si imparfaite, que notre admiration finit par s'évanouir sous l'influence d'une faim dévorante : personne ne voulait être le premier à confesser cette vérité affligeante; chacun jetait sur ses compagnons de furtifs regards, pour s'assurer, par l'inspection des visages, si leurs estomacs réclamaient aussi impérieusement le droit au déjeuner; l'impression fut, il faut le croire, identique, car je ne sais qui d'entre nous prit la parole pour se déclarer vaincu.

Quelques-uns, plus accessibles au respect humain, essayèrent d'insinuer qu'il serait bon de faire l'ascension du pic auparavant; tout aussitôt de bruyantes clameurs leur imposèrent silence.

En ma qualité de chef de bande, je démontrai clairement, avec une éloquence persuasive à laquelle la faim n'était pas étrangère, que le pic, qui s'était doré d'abord aux premiers feux du soleil, venait de s'envelopper d'un ample linceul de nuées, et qu'ainsi il était nécessaire de faire une étape pour leur donner le temps de se dissiper; faute de cette précaution, nous nous exposerions, continuai-je en développant mon argument victorieux, à perdre le plaisir que nous nous étions proposé. Les nègres, qui nous suivaient avec les provisions, se mirent en devoir de les déballer et de dresser le repas.

Parmi les objets qui figuraient dans le menu se trouvaient deux potages à la julienne, conservés dans des boîtes de fer-blanc; le froid relatif les avait congelés. Grand fut le désappointement. Comment les faire chauffer? se demandait-on. Ensuite, pour parvenir à ce résultat, il faudrait retarder encore le déjeuner. Tout le monde se prit à murmurer.

« Bah! la soupe! c'est un détail, s'écria l'un des convives; soit, on la réchauffera, et, pour ne pas perdre de temps, nous débuterons par ce pâté, qui a bien la mine la plus provocante qu'on puisse imaginer. »

Nouvelle difficulté, il n'y avait pas de vases pour envoyer chercher de l'eau; le gouverneur s'avisa d'un expédient qui trouvait sa raison d'être dans la circonstance et dans l'air piquant qui nous fouettait la face : c'était de boire le vin pur, et d'envoyer ensuite les bouteilles à la source voisine. La motion fut adoptée avec acclamation.

Chacun se prépara un siège de mousse et arrangea proprement devant lui une large feuille de bananier, destinée à servir d'assiette. Le déjeuner commença sous les auspices les plus silencieux; on n'entendait guère que des monosyllabes, quelques mots très brefs; souvent même, pour abréger et par excès de laconisme, on se contentait d'indiquer de la main la chose dont on avait besoin, tandis que la fourchette continuait ses rapides évolutions. La seconde partie fut beaucoup plus animée : les verres circulaient avec célérité, et l'usage de la parole était revenu, même aux moins verbeux.

Nos forces étant réparées, nous commençâmes à gravir le Sans-Tonché.

Lorsque nous atteignîmes le sommet, le beau temps avait reparu; les nuages cinglaient avec vitesse au-dessus de nos têtes pour descendre en tourbillons dans les gorges ou sur les plaines du littoral.

Quelquefois une nuée formidable, emportée par une bourrasque soudaine et roulant sur elle-même ainsi qu'un gigantesque rocher, s'abattait sur la cime que nous occupions, nous cachait la vue des objets environnants et semblait nous isoler du reste de la nature.

Quelques instants après, la nuée se soulevait lentement en festons fantastiques, s'abaissant et se relevant, sous l'impulsion de la bise, comme le rideau d'une monumentale salle de spectacle, et nous découvrait ou nous dérobait tour à tour le paysage.

Par ces échappées, nous aperçûmes l'Océan au nord et au sud de l'île; les plaines riantes des communes de la Goyave et du Petit-Bourg baignées par la mer; la ville, la baie de la Pointe-à-Pitre avec ses nombreux navires, les trois cents palmistes qui forment une majestueuse allée, sans égale peut-être, à la maison de la propriété seigneuriale du Pinel, Dumanoir, etc.

Tantôt un rayon lumineux, se jouant sur ces prodigieuses masses de verdure, les revêtait de teintes éblouissantes; tantôt de légers nuages, courant sur le firmament, voilaient furtivement le soleil et se diapraient de taches d'un bleu sombre, par l'effet du jeu de l'ombre et de la lumière; ce site est extrêmement sauvage.

Les montagnes de la Guadeloupe n'ont pas la même conformation que celles de l'Europe; elles n'ont point de fertiles plateaux couverts de troupeaux, comme dans l'Auvergne, mais seulement quelques pieds de surface plane, servant de palier, si je puis m'exprimer ainsi, à des marches colossales reliant entre elles des pentes dont l'inclinaison approche de la perpendiculaire et l'atteint fréquemment. Elles ne sont pas décharnées comme celles de la Suisse; excepté dans la montagne de Nez-Cassé, le roc ne se montre jamais à nu.

Les forêts ne s'élèvent pas jusqu'à cette élévation : c'est le domaine exclusif des plantes dont j'ai parlé plus loin; elles sont très touffues, rudes, et tellement enchevêtrées, qu'elles composent à ces éminences une sorte de crinière végétale qui les garantit de l'action des eaux fluviales, et permet au voyageur, en s'y cramponnant fortement, d'y grimper sans danger.

Le spectacle le plus imposant s'offrit à nos regards : des lignes grandioses brisées par des abîmes effrayants, des cimes d'aspect et de configuration divers, des fumerolles voltigeant sur le gouffre béant du volcan; le Matombo avec ses plantations de cafiers, le Baïf et ses champs des cannes, etc. Nous fûmes largement dédommagés des fatigues que nous avions dû subir pour jouir de ce tableau enchanteur.

Je voulus ensuite donner au gouverneur le plaisir d'une chasse aux diablotins. Le diablotin est un oiseau fort singulier; il a les pieds palmés comme un canard; il vit sur la mer, et, à des époques régulières, il vient pondre et couver sur les plus hautes montagnes des îles Sous-le-Vent.

La femelle ne pond qu'un œuf, plus gros que celui d'une poule, et le dépose dans un creux de rocher ou dans un trou qu'elle pratique dans la terre avec son bec.

Le diablotin n'habite point la mer des Antilles ; il arrive à la Saint-Michel, ne séjourne qu'une quinzaine de jours dans l'île, et le but de cette visite est d'explorer l'ancien nid, pour l'agrandir et en retirer la terre éboulée; il disparaît après avoir terminé cette besogne, et revient deux mois après pour la ponte. Ces oiseaux sont « nyctalopes », vivent exclusivement de poissons, dont ils nourrissent aussi leurs petits ; la nature leur a donné des ailes puissantes, qui leur servent à triompher des grains terribles qui se détachent sans cesse des pics sur lesquels ils gîtent. Les jeunes diablotins, que l'on appelle cotons dans le pays, sont, vers l'âge de six semaines, plus gros que les vieux; c'est une vraie boule imprégnée d'huile et recouverte d'un épais duvet. Cette huile disparaît petit à petit, la chair se forme, le corps se raffermit et prend un volume moindre.

Je fis signe à Martial de lancer les chiens dans le précipice, où il les suivit pour les appuyer; l'un d'eux ne tarda pas à *donner de la voix,* expression particulière aux chasseurs de la colonie; elle signifie que le chien est sur la piste du gibier. Cette nouvelle fut accueillie par une salve joyeuse; mes compagnons hésitaient à descendre dans l'abîme; je leur donnai l'exemple, sachant bien que l'escarpement ne présente aucun risque à cause de cette crinière végétale qui en tapisse les parois.

Le chien fouillait la terre avec une ardeur incroyable, s'arrêtait quelques minutes pour reprendre haleine, sans perdre de vue l'ouverture de la mine qu'il entamait; la tranchée étant suffisamment ouverte, l'animal s'enfonçait dans la retraite de sa proie; des aboiements étouffés annonçaient qu'il ne perdait pas courage; nous entendions les cris de l'oiseau traqué dans ses derniers retranchements.

Le diablotin est très courageux; il vient au-devant du chien, l'attaque résolument avec son bec, ne cède le terrain que pied à pied; rendu au fond du trou, saisi et traîné dehors par son ennemi, il se défend jusqu'au dernier soupir. Le gouverneur ayant désiré avoir un de ces oiseaux vivant, Martial remonta avec sa meute, et avec la pointe de nos coutelas nous découvrîmes deux beaux diablotins dont nous nous rendîmes maîtres.

Nous remontâmes en nous servant du même moyen qui avait protégé notre périlleuse descente, et après avoir fait une provision de choux palmistes plus blancs que la neige, nous regagnâmes l'hôtel du gouverneur, et, en lui présentant nos respects, nous pûmes en toute vérité l'assurer qu'il était le premier administrateur de la colonie qui se fût livré à la chasse aux diablotins.

XXIV

CHASSE AU BOA CONSTRICTOR

Le serpent de Régulus, quoi qu'on en dise, n'était pas autre chose qu'un énorme constrictor, dont les Romains avaient fait un monstre : — *Monstrum horrendum, ingens...* Le géant reptile assommé et anéanti par le chevalier Gozon, dans l'île de Chypre, appartenait à l'espèce avoconda.

Quel espace de temps faudra-t-il encore pour que la race de ces monstrueux sauriens disparaisse de la surface du globe? Cette question est soumise à la méditation des naturalistes compétents en pareille matière.

La plus grande taille des boas constrictors est portée, par quelques voyageurs, jusqu'à soixante-dix pieds ; d'autres, plus timides, se contentent de fixer le chiffre de cinquante.

Le voyageur Jacques Arago affirme avoir vu dans la demeure d'un officier du gouverneur de Dielhy, el señor Jose Pinto Alcoforado de Azevedo e Souza (un nom aussi long qu'un serpent avoconda), la peau d'un boa qui mesurait cinquante-deux pieds français de longueur de la tête à l'extrémité de la queue. Le gouverneur lui-même affirma à notre compatriote avoir envoyé à Lisbonne un de ces monstres vivants, dont la taille était de cinquante-cinq pieds.

Charles Owen, un des plus intrépides chasseurs connus, prétend que dans les environs de Batavia il s'est emparé d'un boa mesurant *plus* de cinquante pieds. Nous sommes donc forcés de nous rendre à l'évidence, en nous disant que Pline le Naturaliste, lui, a écrit qu'il y avait, dans un temple romain, une dépouille de serpent qui avait cent vingt pieds de long et formait feston autour de la corniche intérieure du monument.

C'est le même Pline qui raconte que, sous le règne de l'empereur Claude, il fut tué un serpent mesurant trente-six coudées, dans l'estomac duquel on trouva le corps entier d'un enfant.

Voici maintenant Diodore de Sicile nous racontant que, sous la domination de Ptolémée, quelques chasseurs, excités par les promesses de récompense du souverain, s'emparèrent, en le couvrant de liens solides, d'un énorme serpent qui avait trente coudées de long, au moment où le reptile se réchauffait au soleil, hors de la caverne qui lui servait de demeure. Pendant l'absence de la bête monstrueuse, ils avaient bouché l'orifice de son antre et tendu un filet de cordes de fer, au milieu duquel il s'enchevêtra, poursuivi par une meute de chiens, par les cris des chasseurs, qui ajoutaient le son des *buccines* à ce tintamarre. C'est en vain que le serpent se rebiffa ; c'est inutilement qu'il chercha à se dégager par des efforts sans pareils. Il fut terrassé, garrotté, et conduit à Alexandrie, où on l'exhiba longtemps dans une cage de fer. On avait dompté sa férocité en le faisant jeûner.

Les boas les plus monstrueux dont parlent les voyageurs se trouvent à Angola, dans le royaume du Congo, et au milieu des sables brûlants de l'Afrique intérieure.

Quoique certains voyageurs aient affirmé que le boa constrictor était l'ennemi de l'eau, il est certain, prouvé *de visu*, que ces reptiles nagent, et qu'ils nagent même très bien, avec une grande rapidité.

La chair du serpent boa est-elle édible? Je l'ignore personnellement ; mais j'ai entendu dire que les nègres de la

Cité-d'Or se repaissent volontiers des *steaks* du boa, et les trouvent exquis.

Si on mange un peu de serpent, eux, — eu égard à leur taille, — mangent beaucoup de tout, et, quand ils ont fait un *gros* repas, ils s'assoupissent et demeurent complètement inertes. Un moine de Tolède, el padre Simono, raconte le fait suivant :

« Dix-huit Espagnols, ayant pénétré dans les bois de Coro, au Venezuela, s'assirent sur un serpent assoupi, s'imaginant que c'était un tronc d'arbre. Au moment où ils s'y attendaient le moins, le reptile remua, et nos voyageurs furent saisis de la plus grande terreur. »

Le missionnaire Montoya affirme avoir vu un Indien d'une taille ordinaire qui, dans l'eau jusqu'à la ceinture, et occupé à pêcher, fut avalé par un serpent qui, le lendemain, le rejeta tout entier, mais... étouffé : cela va de soi.

A Amboine, au dire d'André Cleyras, une femme fut également engloutie par un de ces monstres.

Dans l'île de Macassar, des serpents énormes poursuivent les singes jusque sur les arbres, et ceux-ci, qui attaquent les hommes quand ils les rencontrent sur leur passage, redoutent les serpents à ce point qu'ils se sauvent au bruit de leur sifflement.

Certains naturalistes prétendent que, si les serpents attirent les oiseaux perchés sur les arbres dans leur gueule béante, c'est à cause de la corruption du souffle de ces reptiles, qui vicie l'air et étourdit l'être orné de plumes. Il y a là une erreur : il est bien reconnu que c'est par la fixité du regard, la fascination, que ces pauvres oiseaux vont se précipiter au milieu du danger.

La tête du boa est large, son front élevé, et un sillon longitudinal le sépare en deux. Le yeux du reptile sont énormes, ses orbites saillissent ; son museau, allongé, est terminé par une grande écaille de teinte jaunâtre. Ajoutez à cela une ouverture énorme et des dents très longues, et vous aurez l'image d'un de ces monstres terribles que nous ne voyons généralement qu'empaillés dans nos muséums d'histoire naturelle, ou bien vivants, mais alors très petits, dans les ménageries qui circulent en province, ou sont établies au jardin des Plantes de Paris et des autres grandes capitales d'Europe.

Les écailles des boas constrictors sont d'une couleur verdâtre et grise striée de noir; mais quand la bête est morte ces teintes pâlissent, et toute la peau devient gris de fer.

Le peintre Biard, — qui fut élève de mon père, élève lui-même du célèbre David, — a écrit un voyage au Brésil, dans lequel il est question de plusieurs rencontres avec des serpents boas; mais il n'a point inséré dans les pages intéressantes de son livre l'anecdote suivante, qu'il m'a racontée à moi-même dans sa villa de la forêt de Fontainebleau.

« Perdu au milieu des méandres du grand Amazone, me disait-il, je m'arrêtai certain jour devant un village indien composé de cinquante à soixante cahutes, au milieu desquelles une case plus grande que les autres servait d'église. Le *padre* qui desservait cette simple et rustique chapelle me fit le plus cordial accueil, et nous nous débrouillâmes de notre mieux, lui avec son patois espagnol, moi avec mon « baragouinage » de la langue de Cervantès.

« Le bon curé brésilien voulut bien me servir de guide dans mes excursions cynégétiques au milieu des bois, à la recherche des sites pittoresques à dessiner, d'oiseaux et d'animaux à chasser.

« Le troisième jour de ma station à *Corro de Rei,* je me trouvai dans le voisinage d'un étang d'où surgissaient des odeurs pestilentielles. A ma demande, le bon padre m'apprit que ses ouailles avaient tué, il y avait trois mois, à coups de flèches et de pierres, *l'image du démon sur la terre :* un énorme serpent, qui s'était défendu avec énergie et avait dévoré deux d'entre les chasseurs. »

Ce qui sentait si mauvais, c'était la carcasse putréfiée du reptile.

« Je voulus voir de plus près, ajouta Biard, ce qui restait du boa constrictor, et, malgré l'odeur pestilentielle, je parvins sur le haut d'une roche qui dominait le lac, à quelques mètres de hauteur des eaux. Quel ne fut pas mon étonnement lorsque j'aperçus, au milieu de la vase qui croupissait sur la rive opposée, une carcasse qui, à vue d'œil, devait mesurer au moins soixante mètres, et qui était celle du constrictor détruit par les Indiens de *Corro de Rei !*

« Je regrettai fort, ajouta Biard, que ma barque fût si petite et mon nez si délicat; j'eusse volontiers ramené à Rio-Janeiro les ossements du plus grand boa qui ait jamais vécu. »

Je citerai, avant de terminer ce chapitre, un incident de chasse au boa qui est raconté par un voyageur revenu du même pays, et qui remontait le même fleuve des Amazones en compagnie de trois Indiens qui lui servaient de rameurs et de guides dans ces pampas sauvages.

« Un matin, tandis que nous déjeunions sur le bord du fleuve, nous aperçûmes un serpent énorme qui rampait en s'avançant du côté où nous nous trouvions. Nous emparer, eux de haches, moi de mon Lefaucheux, fut l'affaire d'un instant. J'épaulai mon arme, je fis feu, et quoique atteint de mes deux balles, le boa approchait toujours. Enfin, au moment où l'un des Indiens allait lui assener un coup de hache, le serpent fit un bond, l'étreignit dans les anneaux de son corps, et se disposa à l'étouffer, à le broyer.

« Que faire? J'avais rechargé mon fusil, mais je ne pouvais tirer, de peur de tuer mon compagnon. A ce moment suprême, un des deux hommes qui se tenaient à distance se glissa derrière un arbre, et, parvenant derrière le serpent, lui coupa net la queue d'un coup de hache.

« Le reptile se détendit et se déroula instantanément. Deux minutes après, il tombait foudroyé par une troisième décharge. Mon guide en était quitte pour une ou deux côtes brisées, qui se guérirent peu à peu d'elles-mêmes, sans médecin, par le repos.

« Le serpent mesurait sept mètres dans toute sa longueur. »

<h1 style="text-align:center">XXV</h1>

LE REPAIRE DU TIGRE

J'étais venu au Pérou pour y surveiller, au nom d'une compagnie formée à Londres, l'exploitation de mines qui n'existaient pas.

L'inspection des localités me fit bientôt connaître que mes commanditaires avaient été pris pour dupes. Mais, avant de retourner en Europe, je voulus du moins que cet immense voyage le long des rivages de l'Atlantique et de la mer Pacifique ne fût pas perdu pour ma curiosité et mon instruction, et je résolus avec deux de mes compagnons, MM. Whart et Morton, de le mettre à profit en allant visiter la plus haute et la plus imposante des montagnes du Pérou, le Chimboraço.

Un jour, après avoir passé la nuit précédente dans un village indien, nous continuions à circuler autour de la large base de ce géant des Andes, lorsqu'en élevant la tête je remarquai que l'éclat dont les neiges éternelles environnent la cime disparaissait peu à peu sous un épais brouillard.

Les Indiens qui nous servaient de guides jetaient des regards alarmés vers ces vapeurs sinistres, et assuraient, en secouant la tête, qu'un violent orage éclaterait bientôt sur nous.

Leurs craintes ne tardèrent pas à se vérifier.

Le brouillard, développant ses plis, s'étendit avec rapidité sur les flancs de la montagne, et nous fûmes plongés dans d'épaisses ténèbres. L'atmosphère était suffocante, et cependant si humide, que l'acier de nos montres se couvrit de rouille, et que ces montres s'arrêtèrent. La rivière près de laquelle nous marchions coulait avec un redoublement d'impétuosité.

les ruisseaux étaient devenus de grandes rivières, qui sillon-
naient dans tous les sens les flancs de la montagne, qu'ils
divisaient en losanges.

J'essayerais en vain de décrire cette grande scène; quiconque n'a pas visité l'Amérique du Sud ne saurait se
faire une idée d'un pareil spectacle. Assurément ce n'est
pas à tort qu'on a donné le titre de nouveau monde à ce
pays.

En voyant ces superbes accidents de la nature, on dirait
qu'elle y a encore toute la sève de la jeunesse, tandis qu'elle
sommeille et qu'elle semble engourdie par l'âge dans l'ancien continent.

Le spectacle que j'avais devant les yeux me faisait craindre
que nous ne fussions obligés de passer plusieurs jours dans
cette caverne. Cependant, quand la tempête eut un peu di-
minué sa violence, nos guides en sortirent, pour voir si nous
pourrions continuer notre route.

La grotte dans laquelle nous avions cherché un asile était
si sombre, que lorsque nous nous éloignions de l'entrée
nous ne pouvions plus voir à un pouce en avant de nous.
Tandis que nous parlions des embarras de notre position,
des cris et des gémissements plaintifs, sortis du fond de la
grotte, vinrent tout à coup arrêter notre attention.

M. Whart et moi, nous écoutions avec un sentiment d'effroi ces cris sinistres; mais Morton, notre jeune ami, se
jetant à plat ventre, se traîna avec Franck, mon chasseur,
le long de la caverne, pour reconnaître la cause de ce bruit.

A peine avaient-ils fait quelques pas, que nous les entendîmes pousser une exclamation de surprise, et bientôt ils
reparurent, portant chacun un animal singulièrement tacheté,
qui avait la taille d'un petit chat, et dont la mâchoire était
armée de dents incisives formidables.

Les yeux de ces animaux étaient d'un ton verdâtre; ils
avaient de longues griffes à leurs pieds; leur langue, d'un
rouge de sang, pendait hors de leur gueule. A peine M. Whart
les avait-il regardés, qu'il s'écria :

« Juste Ciel! nous sommes dans le repaire d'un... »

Il fut interrompu par les voix de nos guides, qui accouraient vers nous en s'écriant : « Un tigre ! un tigre ! » et qui, grimpant avec une singulière prestesse au plus haut d'un cèdre placé près de la caverne, se cachèrent au milieu de ses branches.

La première impression d'horreur et de surprise m'avait d'abord glacé d'effroi ; mais, dès que ce sentiment fut un peu dissipé, je saisis mes armes à feu.

M. Whart avait aussi repris possession de ses sens, et il nous appela à lui pour l'aider à boucher l'ouverture de la caverne avec une énorme pierre qui, heureusement, se trouvait tout près.

Le sentiment du danger qui s'approchait augmentait notre force, car nous commencions à entendre distinctement les rugissements de l'animal.

Nous étions perdus s'il atteignait l'entrée de la caverne avant que nous eussions pu la fermer. Nous n'avions pas encore fini, que nous vîmes l'animal se diriger, en bondissant, vers son repaire. Dans ce moment terrible, nous redoublâmes nos efforts, et la grande pierre, interposée entre lui et nous, nous mit à l'abri de son attaque. Il restait cependant un petit espace vide entre cette pierre et le haut de l'ouverture, à travers lequel nous pouvions voir la tête du tigre ; ses yeux étincelaient et lançaient sur nous des regards furieux, tandis que ses rugissements ébranlaient les profondeurs de la caverne, et que ses petits y répondaient par des gémissements aigus.

Notre redoutable ennemi avait d'abord tenté d'enlever la pierre avec ses griffes puissantes, et ensuite de la reculer avec sa tête ; l'inutilité de ses efforts ne fit qu'augmenter sa rage. Il poussa un cri plus perçant que tous les autres, et ses yeux, enflammés, semblaient darder la lumière dans l'épaisseur des ombres de notre retraite.

Un instant je fus presque tenté de le plaindre, car c'était un sentiment de paternité qui irritait sa colère.

« Il est temps de tirer sur lui, me dit M. Whart avec le sang-froid qui ne le quittait jamais ; visez aux yeux, la balle traversera son cerveau, et nous aurons une chance d'en être délivrés. »

Franck prit son fusil à deux coups, et Morton ses pistolets. Le premier plaça le canon de son arme à quelques pouces du tigre, et le second fit de même. Au commandement de M. Whart, l'un et l'autre lâchèrent leurs détentes en même temps, mais les coups ne partirent pas.

Le tigre, qui, en entendant le bruit des deux détentes, avait senti que c'était une attaque dirigée contre lui, fit un bond pour se jeter de côté; mais, voyant qu'il n'avait pas été atteint, il revint à sa première place avec un redoublement de furie. La poudre des deux amorces avait été mouillée. Tandis que Franck et Morton la répandaient par terre, attendu qu'elle ne pouvait plus être bonne à rien, M. Whart et moi nous nous occupions de la recherche des boîtes à poudre.

Il faisait si sombre, que nous fûmes obligés de chercher à tâtons, en nous traînant sur le sol.

Lorsque je me trouvai en contact avec les petits du tigre, j'entendis un bruit semblable à celui du frottement d'un morceau de métal, et bientôt je reconnus que ces animaux jouaient avec nos boîtes à poudre.

Par malheur, ils avaient ôté le bouchon avec leurs griffes, et la poudre, répandue sur le sol humide, ne pouvait plus nous servir. Cette cruelle découverte nous plongea dans la plus profonde consternation.

« Tout est perdu ! s'écria M. Whart; il ne nous reste plus qu'à voir lequel vaut le mieux, de mourir de faim avec les animaux qui sont enfermés avec nous, ou de mettre un terme immédiat à nos souffrances en laissant pénétrer dans la caverne le monstre qui est en dehors ! »

En parlant ainsi, il alla se placer près de la pierre qui nous protégeait, et fixa des regards intrépides sur les yeux étincelants du monstre. Le jeune Morton, au désespoir, faisait mille imprécations. Franck, qui avait plus de sang-froid, prit un morceau de corde qu'il portait dans sa poche, et se dirigea vers l'autre bout de la caverne sans nous dire dans quel but.

Bientôt nous entendîmes un sifflement étouffé, et le tigre, qui avait entendu également ce bruit, parut éprouver un trouble encore plus grand.

Il allait et revenait devant l'entrée de la caverne d'un air égaré et furieux. Enfin il s'arrêta tout à coup, et, dirigeant sa tête vers la forêt, il poussa des cris assourdissants.

Nos deux guides indiens profitèrent de cette occasion pour lui lancer des flèches du haut de l'arbre où ils étaient cachés.

Il fut atteint à plusieurs reprises; mais sa peau épaisse faisait rejaillir ces traits inoffensifs.

A la fin cependant une de ces flèches le frappa près de l'œil et resta fixée dans sa blessure. Sa fureur fut alors portée à son comble; il s'élança vers l'arbre, et, se dressant sur sa tige en la saisissant avec ses griffes, il parut vouloir le renverser. Mais quand il fut parvenu à se débarrasser de sa flèche, il redevint plus tranquille, et revint de nouveau à l'entrée de la grotte.

Franck reparut alors; un coup d'œil me suffit pour deviner ce qu'il venait de faire. A chacune de ses mains il tenait un petit tigre attaché à la corde avec laquelle il l'avait étranglé.

Avant que je fusse averti de ce qu'il méditait, il avait jeté les deux jeunes tigres à travers l'ouverture.

L'animal ne les vit pas plus tôt, qu'il commença à les examiner attentivement et en silence, en les retournant avec précaution de côté et d'autre.

Dès qu'il fut convaincu qu'ils étaient morts, il poussa un cri de désespoir si pénétrant, que nous fûmes obligés de boucher nos oreilles. Quand je reprochai à mon chasseur cet acte d'une barbarie gratuite, je vis bien, par la rudesse de ses réponses, qu'il avait perdu tout espoir de salut, et que dès lors il regardait comme dissous les rapports de subordination du serviteur au maître.

Pour moi, sans que je susse pour quelle raison, j'espérais toujours qu'un secours inattendu viendrait me tirer de l'affreuse position où j'étais.

Cependant le tonnerre avait cessé de se faire entendre, et un vent paisible et doux succédait à la violence de l'ouragan. Les chants des oiseaux résonnaient de nouveau dans la forêt, et les gouttes de pluie, frappées par les rayons du soleil, étincelaient sur les feuilles comme des milliers de diamants.

J'assistais, par l'ouverture de notre antre, au réveil de la nature, et le contraste que faisait cette scène tranquille avec notre situation la rendait encore plus affreuse.

Nous étions dans un tombeau d'où rien ne paraissait pouvoir nous faire sortir, car un monstre plus épouvantable que le cerbère de la fable en gardait l'entrée.

Il s'était couché près de ses petits.

C'était un animal superbe et d'une grande taille : ses membres, étendus dans toute leur longueur, laissaient voir la force prodigieuse de ses muscles ; de ses mâchoires, armées de grandes dents, tombaient de larges flocons d'écume.

Tout à coup un long rugissement se fit entendre à distance ; le tigre y répondit par un rugissement plaintif, et les Indiens poussèrent un cri qui nous annonça qu'un nouveau malheur nous menaçait.

Nos craintes furent confirmées au bout de quelques minutes, car nous vîmes un tigre, moins grand que le premier, se diriger en courant vers l'endroit où nous étions.

« Cet ennemi sera encore plus dangereux que l'autre, dit M. Whart, car c'est la femelle, et celles de ces animaux sont impitoyables pour ceux qui les ont privées de leurs petits. »

Les rugissements de la tigresse, quand elle eut examiné le corps de ses petits, surpassèrent tout ce que nous avions déjà entendu, et le tigre y mêla ses cris lamentables.

Tout à coup ces hurlements cessèrent ; elle ne fit plus entendre qu'un murmure sombre, et nous la vîmes s'avancer, ses naseaux fumants, à travers l'ouverture, et regarder de tous côtés comme pour découvrir ceux qui avaient détruit ses petits.

Ses regards tombèrent bientôt sur nous, et aussitôt elle s'élança en avant avec fureur, comme pour pénétrer dans notre lieu de refuge. Peut-être serait-elle parvenue, au moyen de sa force prodigieuse, à pousser la pierre, si nous n'avions pas réuni tous nos efforts pour la retenir.

Quand la tigresse vit qu'elle ne pouvait pas réussir, elle se rapprocha du tigre, et, pendant quelques instants, elle parut se consulter avec lui ; puis ils s'éloignèrent ensemble d'un pas rapide, et disparurent à nos regards.

De moment en moment, à mesure qu'ils s'éloignaient, leurs rugissements devenaient plus faibles, et bientôt ils cessèrent de se faire entendre.

Dès qu'ils se furent éloignés, nos deux guides indiens parurent à l'entrée de la caverne, et nous pressèrent de profiter, en fuyant, de la seule occasion que nous eussions de nous sauver, attendu que les tigres étaient allés chercher dans le haut de la montagne une autre ouverture, qu'ils connaissaient sans doute, pour pénétrer dans l'intérieur de la grotte.

En conséquence nous nous mîmes, en grande hâte, à pousser la pierre qui en fermait l'entrée, et nous sortîmes de ce tombeau, où nous avions craint d'être ensevelis vivants.

M. Whart fut le dernier qui le quitta, parce qu'il ne voulut pas en sortir avant d'avoir retrouvé son fusil à deux coups ; pour nous, nous ne songions qu'à nous échapper.

Nous entendions de nouveau les rugissements des tigres, quoiqu'à distance, et, suivant la trace de nos guides, nous nous jetâmes dans un sentier de côté. Le grand nombre de racines et de branches dont la tempête avait jonché le chemin que nous suivions rendait notre fuite lente et difficile, M. Whart, marin plein d'activité, ne marchait cependant qu'avec peine, et nous étions obligés, pour ne pas le perdre, de nous arrêter de temps en temps.

Nous marchions ainsi depuis un quart d'heure, quand un cri perçant, poussé par un des Indiens, nous apprit que les tigres étaient sur notre trace. Nous nous trouvions alors

devant un pont de roseaux que l'on avait jeté sur un torrent. Il n'y a guère que les Indiens, avec leur démarche
légère, qui puissent s'avancer sans crainte sur des ponts de
ce genre, qui frémissent et oscillent à chaque pas que l'on
y fait. Profondément enfoncé entre ces deux rives semées
de roches aiguës, le courant coulait au-dessous avec violence.

Morton, Franck et moi, nous traversâmes le pont sans ac-
cident ; mais M. Whart était encore au milieu, tâchant d'y
garder son équilibre, quand les tigres débouchèrent du bois
voisin.

Dès qu'ils nous aperçurent, ils bondirent vers nous en
poussant des hurlements épouvantables.

Cependant M. Whart était parvenu, sans encombre, de
l'autre côté du torrent. Franck, Morton, nos deux guides et moi,
nous escaladions les rochers qui se trouvaient en face de
nous.

M. Whart, quoique les tigres fussent tout près de lui, ne
perdit pas son courage et sa présence d'esprit.

Aussitôt qu'il fut parvenu de l'autre côté du pont, il tira
son couteau de chasse et coupa les liens qui l'attachaient
à l'une des rives ; il espérait, de cette manière, mettre un
obstacle insurmontable à la poursuite de nos ennemis ; mais
à peine avait-il accompli sa tâche, que nous vîmes la tigresse
se précipiter vers le torrent et tenter de le franchir d'un
bond. Ce fut un spectacle curieux de voir ce redoutable animal suspendu un instant au-dessus de l'abîme ; mais cette
scène passa comme l'éclair.

Sa force le trahit à mi-chemin de la rive ; avant qu'il
eût atteint le fond du torrent, il avait été déchiré en mille
pièces par les pointes des rochers. Cette catastrophe ne dé-
couragea pas son compagnon, qui, d'un vigoureux élan,
parvint à franchir le ravin. Toutefois il n'atteignit la rive
opposée qu'avec ses griffes de devant ; suspendu de cette
manière au-dessus du précipice, il s'efforçait de prendre
pied.

Le Indiens poussèrent de nouveau un cri sauvage, comme

si tout espoir était perdu. Mais M. Whart, qui était tout près du tigre, s'avança courageusement vers lui, et lui plongea son couteau de chasse dans la poitrine.

Furieux au delà de tout ce que je puis dire, le monstre, rassemblant toutes ses forces, fixa ses griffes de derrière sur le rocher, et parvint à saisir M. Whart par la cuisse; mais mon héroïque ami conserva toute son intrépidité; il prit de sa main gauche un tronc d'arbre pour lui servir de support, et retourna avec vigueur son couteau de chasse dans la poitrine du félin.

Tout cela fut l'affaire d'un instant. Les Indiens, Morton, Franck et moi, nous courûmes à son aide : Morton, saisissant le fusil de Whart, qui était près de lui, assena un coup de crosse si vigoureux sur la tête du tigre, que l'animal, étourdi, lâcha prise et fut précipité dans l'abîme.

Mais ce malheureux jeune homme n'avait pas calculé la force de son coup; il pencha en avant, ses pieds glissèrent, et, ses mains ne trouvant aucun point d'appui, il tomba dans le torrent, se débattit un instant à sa surface, et s'y enfonça ensuite pour ne plus reparaître.

Nous poussâmes d'abord un cri de désespoir; puis, pendant quelque temps, nous gardâmes un sombre silence.

Dès que je fus revenu de ma stupeur, j'aperçus le pauvre M. Whart évanoui au bord de l'abîme; nous examinâmes sa blessure; elle était profonde, et le sang coulait en abondance.

Les Indiens cueillirent quelques plantes dont l'application arrêta l'hémorragie. M. Whart continuait à être insensible, mais son pouls était très agité.

Le soir étant venu, il fallut nous résigner à passer la nuit dans cet endroit, à l'abri de quelques rochers. Les Indiens allumèrent du feu pour tenir les bêtes féroces éloignées de nous. Je mangeai quelques fruits que nos guides me donnèrent, et ce fut assurément le plus triste repas que j'eusse fait de ma vie.

Je ne goûtai aucun sommeil pendant la nuit : assis près de M. Whart, j'écoutais avec effroi ses profondes aspirations.

Le lendemain matin, nos guides pensèrent que ce que nous pouvions faire de mieux, c'était de transporter notre malheureux ami au village où nous avions couché la nuit précédente ; en conséquence, avec des branches et des roseaux, ils construisirent à la hâte un petit pont pour repasser le torrent.

Lorsque nous fûmes de retour au village, malgré tous les soins qui lui furent prodigués, M. Whart ne reprit point connaissance. Le troisième jour, ses membres éprouvèrent tout à coup un frémissement convulsif ; il se leva sur son séant en prononçant quelques mots confus.

La main de la mort était sur lui ; il retomba sur son chevet... Quelques minutes après il n'existait plus.

Tel fut le dénouement de mon triste voyage au Chimboraço.

Dès que j'eus rendu les derniers devoirs à M. Whart, je me hâtai de m'éloigner des lieux qui me rappelaient de si cruels souvenirs, et je profitai de la première occasion pour revenir en Europe.

XXVI

CHASSE AUX GORILLES

M. du Chaillu, un Américain des États du Nord, ou plutôt un Français, est un personnage illustre qui s'est fait un nom parmi les sportsmen pour avoir pénétré au milieu de la Guinée, en Afrique, et y avoir, le premier, découvert un homme des bois, un orang-outang monstre, le gorille, en un mot, « puisqu'il faut l'appeler par son nom, » ou bien, si l'on aime mieux le terme employé par les naturels du pays, le *nshiego-mbouvé*.

Et pourtant, au dire de M. du Chaillu, il y a une différence entre ces deux animaux.

Le premier est une bête féroce, indomptable, d'une force herculéenne, à qui nul être ne peut résister, quelle que soit sa vigueur et l'acier de ses nerfs, tandis que le second est susceptible d'éducation ; les *nshiego-mbouvés* se construisent des cabanes de quinze à vingt pieds de hauteur, et les adossent invariablement à un arbre séparé du hallier et entouré d'une sorte d'espace vide.

Le gorille, au contraire, vit dans les taillis les plus impénétrables, ce qui rend la chasse de ces animaux extrêmement difficile ; car, pour tuer un de ces quadrumanes, il faut ordinairement s'approcher jusqu'à huit à dix pieds, et alors, si vous manquez votre coup, vous êtes un homme perdu.

Avant M. du Chaillu, dès l'année 1847, des missionnaires avaient rapporté du Gabon des crânes de gorilles, que les habitants leur déclaraient être la tête de certains hommes velus et féroces, vivant au milieu des forêts impénétrables de la Guinée; mais onques ils n'avaient été à même de se trouver en présence de ces quadrumanes légendaires.

M. du Chaillu, le premier, rencontra un jour, à son grand étonnement, le « roi des forêts », comme il se plaît à appeler le gorille.

Cet explorateur audacieux s'était aventuré en pleine Guinée, au milieu de la tribu des Fans, lancé à la recherche de cet animal, dont tous les habitants lui faisaient des descriptions fantastiques. Quoique ces peuplades africaines fussent réputées pour les plus courageuses du pays, leurs guerriers redoutaient l'approche du gorille et ne lui faisaient la chasse que lorsqu'ils étaient en nombre.

Le chef des Fans, nommé Ndiagi, accueillit avec une certaine cordialité le blanc qui se risquait audacieusement au milieu de sa tribu anthropophage.

Au dire de M. du Chaillu, son hôte n'offrait pas précisément un de ces visages et une de ces formes qui rassurent et donnent du cœur au visiteur, à l'hôte. Qu'on s'imagine un grand escogriffe, tout nu, sauf une peau de léopard qui lui couvrait la partie moyenne du corps, portant à la ceinture un horrible couteau, dans le genre de ceux de la Malaisie, le cou orné d'un collier d'amulettes formées de dents enfilées les unes à côté des autres et de coquillages bizarres, la barbe tressée aux deux angles du menton, les dents teintes en noir, les cheveux façonnés en queue à marteau et enchevêtrés d'anneaux et de perles blanches, et l'on aura devant soi le monarque de la tribu des Fans.

Les sujets de Ndiagi se livraient et se livrent encore à la chasse du gorille, dont la chair est fort estimée par eux. Quant à la cervelle du gorille, elle passe en Guinée pour un vrai talisman qui donne du courage à ceux qui n'en ont pas et du succès à ceux qui en ont besoin.

Les nègres de la Guinée racontent à qui veut les écouter que les gorilles se mettent en embuscade sur les arbres, qu'ils attendent patiemment leur proie et que, lorsqu'un homme passe à leur portée, ils se jettent sur lui, l'étranglent et le dévorent à belles dents. Mieux encore, ils affirment que si quelqu'un se jette aux genoux du gorille et lui demande grâce, celui-ci le relève d'une main amie et le congédie, en lui faisant comprendre que cet hommage rendu à sa force lui plaît infiniment.

Certains gorilles, dit-on dans le pays, sont des esprits d'une puissance satanique, et qui ne peuvent être pris ni tués. On n'a pas de peine à croire pareille chose lorsqu'on sait que le gorille possède une voix de taureau, des mains d'une telle force, qu'il rompt un arbre en deux et assomme d'un seul coup l'audacieux qui s'attaque à lui.

M. du Chaillu en a vu un tordant entre ses dents, comme on le ferait d'un fétu de paille, un canon de fusil du meilleur acier anglais, ainsi que je le raconterai plus loin.

En somme, cet homme des bois, d'une force sans pareille, a une lointaine ressemblance avec l'homme. C'est particulièrement par la longueur des bras, par la largeur des omoplates, que leur structure offre des analogies. Les membres inférieurs, les jambes, sont plus courts que chez l'homme. Le talon est plus saillant, et enfin l'orteil, entièrement séparé des autres doigts du pied, sert au gorille à se tenir debout.

La taille du gorille varie ordinairement de cinq pieds à cinq pieds et demi, et la couleur de sa peau, qui n'est dépourvue de poil que sur sa face, est du noir le plus foncé. La fourrure de l'animal est de couleur gris de fer. Voici le reste du signalement : yeux noirs, d'un aspect sinistre, écartés et fortement enfoncés dans leur orbite et sous une arcade sourcilière protubérante ; le cou si court, qu'il n'existe pour ainsi dire pas ; la bouche meublée de dents formidables ; les oreilles petites et semblables à celles de l'homme ; l'os nasal en saillie ; le dos voûté, les épaules très larges, les mains carrées et les doigts terminés par des ongles noirs ; les jambes courtes et peu faites pour supporter le poids de l'animal, qui le plus souvent marche à quatre pattes, et qui, s'il se tient debout, se voit obligé d'avancer en se dandinant. Lorsqu'il pose ses quatre pieds par terre, alors seulement il court aussi vite qu'un cheval, en s'appuyant sur ses poings fermés : ce qui n'empêche pas que ses allures ne soient encore fort bizarres.

Le gorille ne vit pas en société. Lorsqu'il n'a plus besoin des soins de sa mère et de son père, il s'éloigne d'eux. On rencontre quelquefois un vieux mâle ; mais alors, — au dire des habitants, — il doit avoir perdu sa compagne. Ces animaux aiment les retraites les plus profondes des forêts, et, quand ils dorment, c'est le dos appuyé contre un tronc d'arbre qui leur sert d'oreiller.

Quand la faim les engage à sortir de leur retraite, ils s'avancent du côté des clairières, en quête de bananes, de cannes à sucre et d'ananas, qui forment leur nourriture habituelle, car les gorilles sont frugivores, et leur appétit tient de la voracité. Cette particularité explique les mœurs nomades de l'animal, qui s'éloigne dès qu'il a épuisé le canton sur lequel il s'est arrêté.

M. du Chaillu, qui a passé plusieurs années en Guinée, et qui était revenu en Europe avec plusieurs peaux de ces animaux et des squelettes, de façon à prouver l'exactitude de ses récits, avait fait différents efforts, pendant son séjour en Afrique, pour élever de jeunes gorilles ; mais ces animaux sont tous morts en captivité. Il est à désirer que le hardi explorateur puisse réussir dans sa nouvelle entreprise, et ramener en vie, en Europe, un ou deux de ces curieux animaux.

M. du Chaillu, reparti il y a six mois pour la Guinée, a écrit, en octobre dernier, une lettre datée des bords de la rivière Fernand-Vaz, par laquelle il apprenait à ses amis son départ pour une grande et longue expédition dans l'intérieur de terres, à la recherche des gorilles.

« Je profite, disait-il, pour vous écrire, de la dernière occasion que je vais avoir de la côte. Tous mes arrangements sont terminés. Dans quelques jours je pars pour l'intérieur. J'ai tout ce qu'il me faut pour accomplir un voyage intéressant ; si je ne fais pas d'observations nouvelles, ce ne sera pas de ma faute. Je commence à réussir dans mes photographies, et j'espère que mes réactifs ne se gâteront pas. S'il en est ainsi, je pourrai rapporter une curieuse collection de vues, de portraits, etc. etc.

« J'ai envoyé par un navire anglais, il y a deux jours, un gorille vivant à Londres. Quelques jours avant son départ, j'avais un adulte femelle et son petit vivant ; mais la mère est morte de ses blessures, et le petit ne lui a survécu que trois jours.

« J'ai également envoyé six peaux de gorilles et sept squelettes ; enfin j'ai pris la photographie de trois autres gorilles...

« Toute mon âme est concentrée dans l'expédition que je vais entreprendre. Dieu veuille que je réussisse !

« Je vous écrirai de l'intérieur... Ne me croyez pas mort si vous êtes un an ou deux sans avoir de mes nouvelles... J'ai un bagage énorme, et je serai obligé de prendre au moins cent hommes avec moi... »

M. du Chaillu n'a point, depuis, donné de ses nouvelles ; cela se comprend.

Je terminerai cette description du gorille en racontant une chasse faite à cet animal par l'audacieux voyageur, chasse dont je trouve le récit dans un magnifique ouvrage anglais : *Wild sports of the world.*

« La plus grande difficulté pour chasser le gorille consiste dans l'impossibilité presque absolue de pénétrer dans les taillis qu'il choisit pour sa demeure, et, quand on y pénètre, de se placer de façon à pouvoir le mettre en joue. La rencontre d'un animal de cette espèce est mortelle pour lui ou pour le chasseur : la seule chance qu'ait ce dernier d'échapper au trépas, c'est de prévenir le bond du monstre et de l'étendre net par terre d'un coup de feu, pour ne pas être atteint et déchiré par lui.

« On ne doit pas songer à la possibilité de recharger son fusil : le gorille n'hésite pas un seul moment, lui, et l'homme qui affronte sa rencontre doit avoir fait à l'avance le sacrifice de sa vie, s'il ne vise pas juste.

« On a vu quelques nègres qui, surexcités en présence d'une fin inévitable, ont fait volte-face et se sont précipités sur le gorille, le canon de leur fusil dans les mains pour l'assommer, si faire se pouvait, à coups de crosse. Hélas! les malheureux ne réussissaient guère qu'à prolonger leur existence de quelques instants : la brute brisait leur arme d'un seul coup, et mettait fin à leur vie par la simple compression exercée avec la main sur la poitrine de l'ennemi qui avait osé l'attaquer.

« La première fois que je me trouvai face à face avec un gorille, dit le narrateur du livre anglais, j'éprouvai, je l'avoue, une terreur indicible. Je marchais avec la plus grande précaution, et j'entendais autour de moi un bruit de branches cassées qui eût effrayé le plus audacieux. Tous ceux qui m'entouraient se regardaient sans oser prononcer une parole.

« Nous avancions toujours, et, dans un moment donné, il nous sembla apercevoir, à travers les arbres, un animal géant qui attirait à lui les branches d'un grand arbre et les brisait pour manger plus à son aise les fruits qu'elles portaient.

« Tout à coup un cri strident frappa nos oreilles, et fut répercuté par les échos de la forêt. Le feuillage s'écarta, et un énorme mâle se montra à nos yeux. Il s'avançait à quatre pattes dans la jungle ; mais à peine nous eut-il aperçus, qu'il se leva sur les pieds de derrière et nous regarda fixement.

« Jamais je n'oublierai ce coup d'œil féroce ; jamais le souvenir de la vue de cet homme des bois ne sortira de ma mémoire. La brute avait six pieds de haut, une poitrine velue et rebondie, des yeux d'un gris foncé qui lançaient des

éclairs, des dents aiguës qu'il montrait entre ses babines ouvertes, sans manifester la moindre appréhension. De ses
pattes énormes il se frappait la poitrine, qui résonnait comme
l'eût fait un tambour bien tendu.

« Plus nous restions immobiles, l'arme prête à faire feu,
plus il poussait des rugissements terribles, plus il multi-
pliait ses gestes. On eût cru avoir devant soi un de ces
êtres fantastiques dont les Callot, les Breughel et les autres
peintres d'imagination ont peuplé leurs *Enfers* et leurs
Tentations.

« Il s'avança de deux pas et s'arrêta tout à coup pour
pousser un de ces horribles rugissements dont j'ai déjà
parlé.

« Ce fut à ce moment-là qu'une triple décharge se fit entendre au signal que j'avais donné.

« L'animal tomba, la face en avant, poussant un dernier
cri de rage. Pendant quelques minutes, un frémissement
parcourut tous ses membres : c'étaient les convulsions de
l'agonie, qui s'éteignirent peu à peu. La mort était venue ;
il n'y avait plus rien à craindre : nous pouvions approcher
et examiner à notre aise ce géant des forêts africaines. »

Les récits de M. du Chaillu sont tous aussi intéressants
que celui-là, et, après tout, l'auteur nous a prouvé qu'il
n'était point si difficile qu'on se l'imaginait de prime abord
de venir à bout des gorilles. Je suis disposé à penser que les
chasseurs de lions, de panthères et de tigres ne reculeraient
pas devant cet animal. A dire vrai, l'Européen égaré au milieu d'un pays nouveau, perdu dans l'immensité des forêts
de la Guinée, doit éprouver un certain malaise lorsqu'il se
trouve pour la première fois en présence d'un de ces hommes
des bois dont les terribles mâchoires claquent les unes contre
les autres, et dont les cris aigus tendent à porter la terreur
dans l'âme. Mais laissons la parole au chasseur, qui raconte
ainsi une de ses impressions de voyage.

« Notre troupe se sépara, suivant l'usage, pour battre le
bois dans toutes les directions. Gambo (son domestique) et
moi nous restâmes ensemble. Un de mes plus hardis compa-

gnons de chasse s'avança vers une partie de la forêt où, assurait-il, devait se trouver un gorille. Les trois autres se dirigèrent vers un endroit directement opposé. Il y avait à peine une heure que nous étions dispersés, lorsque Gambo et moi nous entendîmes une détonation qui éclata non loin de nous et fut suivie par une seconde, à un très court intervalle.

« Nous nous élançâmes aussitôt dans la direction du bruit qui avait frappé notre oreille, persuadés que le gorille était mort, lorsque des cris terribles éclatèrent, répercutés par les échos de la forêt.

« Gambo s'empara de mon bras et trembla de tous ses membres. J'éprouvais, de mon côté, la même agitation. Nous avançâmes, et tout à coup nous aperçûmes le malheureux qui était parti tout seul étendu sur le dos et les entrailles hors du ventre.

« Son fusil, tordu, brisé, était à côté de lui, et des marques de dents terribles étaient imprimées sur le bois et sur le fer. Gambo et moi nous nous empressâmes de relever l'infortuné chasseur et de panser ses blessures, à l'aide de mon mouchoir et de quelques bandes de drap arrachées aux pans de ma redingote. Lorsqu'il eut repris l'usage de ses sens, à l'aide de plusieurs gorgées d'eau-de-vie, il nous donna quelques explications. Il avait rencontré le gorille qu'il cherchait, un énorme animal, un mâle, qui lui avait paru terrible, et cependant il n'avait point songé à fuir. L'endroit dans lequel il se trouvait en présence de l'animal était au milieu le plus épais de la forêt, et c'est sans doute à cause de cette obscurité qu'il avait manqué son coup ; quelle qu'eût été la précaution qu'il avait prise, il n'avait fait que blesser le singe au côté, et l'animal furibond s'était élancé sur lui. Fuir était impossible au pauvre chasseur, qui eût été pris avant d'avoir fait quinze pas. Aussi s'empressa-t-il de recharger son fusil. Il y était parvenu ; mais, au moment où il allait faire feu, le gorille s'était élancé sur lui et lui avait arraché l'arme des mains. D'un coup de ses terribles griffes, le quadrumane ouvrait ensuite l'abdomen de l'homme et en retirait les entrailles. Tandis que le chasseur tombait par terre et y demeurait gisant, le monstre s'emparait de son fusil, et, après l'avoir bien examiné, le brisait en deux. »

Deux jours après cet événement, l'infortuné mourut dans les bras de M. du Chaillu.

XXVI

CHASSE AU LÉOPARD EN AFRIQUE

De toutes les parties du monde, la plus proche de la savante et curieuse Europe, celle que les anciens ont le plus constamment visitée, l'Afrique, est cependant la moins connue à cause du caractère féroce de ses sauvages habitants. — La Grèce, l'Italie, la France et l'Espagne ont porté sur ces rivages la domination des peuples civilisés, mais en dépassant à peine la partie restreinte comprise entre la mer et l'Atlas.

Le climat et la température sont si variés, que dans les environs du Grand Désert, au Bornou, la chaleur dépasse 56° centigrades, tandis que la température est constamment fraîche dans la région méridionale, et fort modérée dans la Barbarie.

De là de grandes différences dans la végétation ; sur les bords de la Méditerranée, les productions sont les mêmes que dans les parties méridionales de l'Europe, tandis qu'au désert quelques buissons de gommiers, l'agoul ou herbe du pèlerin, sont les seuls végétaux de ces vastes solitudes. Au point de vue zoologique, l'Afrique présente un caractère tout particulier. Les ruminants y sont représentés en grand

nombre. On y voit le genre antilope très développé, le mouf-
flon traînant sa lourde queue, le bœuf à bosse, qui est en
même temps bête de trait et bête de somme. Puis viennent
le bœuf-galla, le buffle, particulièrement gros et féroce, la
girafe, et enfin le dromadaire, ou chameau à une bosse, ce
cheval du désert. Dans les pachydermes non ruminants, on
remarque l'éléphant, le rhinocéros, l'hippopotame, le phacochère, sorte de sanglier plus lourd que le sanglier commun d'Europe et dont les défenses sont énormes, le zèbre,
enfin le cheval et l'âne dans le nord.

On sait combien le continent africain possède de nombreuses variétés de quadrumanes, depuis l'orang-outang
jusqu'au makis. Une énorme quantité de carnassiers sont ré-
pandus sur la surface de cette terre : lion, panthère, léopard,
troupes d'hyènes, de chacals et de loups, sans oublier le
chien sauvage. Le nombre des reptiles malfaisants est prodigieux. Si l'on ajoute à cette nomenclature des animaux
nuisibles celle des peuples farouches et cruels habitant les
contrées centrales, on se fera une idée exacte des périls
et des obstacles que rencontre un Européen, voyageant dans
l'intérieur de l'Afrique, pour ajouter à la science des tro-
phées nouveaux. C'est aux récits inédits d'un jeune voyageur parti, il y a quelques années, pour la Guinée, que
nous empruntons les détails suivants sur une chasse aux léopards.

« Suivant la coutume du pays, dit-il, j'avais réuni environ
douze noirs, tous armés de carabines, et j'explorais un bois
épais, dans lequel j'espérais augmenter ma collection de mi-
néralogie. Le chef de mon escorte était un vieux nègre fort
intelligent qui, en sa qualité de chasseur, avait le don de se
retrouver au milieu de ces taillis fourrés, où nul chemin ne
fut jamais tracé. Dans nos excursions de chaque jour, il me
faisait remarquer que tel canton était fréquenté par les antilopes, que dans tel autre on voyait les traces de rhinocéros.
« Et comment chassez-vous le léopard dans des forêts aussi
épaisses, lui demandai-je, car pour moi il me serait impossible de mettre seulement ma carabine à l'épaule? — Juste-

ment, reprit mon vieux nègre Tutila, nous sommes peu éloignés d'un terrain de chasse, et, si vous voulez, dans quelques minutes vous le verrez de vos yeux. — Marchons ! » lui dis-je ; et nous poursuivîmes notre route en silence, tantôt debout, tantôt rampant, pour éviter de faire du bruit, ce qui aurait pu nous attirer de fâcheuses rencontres. Chaque pas que nous faisions nous rapprochait du canton des léopards. Bien qu'un grand nombre de traités de zoologie prétendent que le léopard n'attaque pas l'homme, même quand il est provoqué, mes nègres, qui n'avaient jamais lu ces belles pages, se souvenaient de tels ou tels de leurs compagnons qui autrefois chassaient avec eux, et qui étaient devenus la proie du féroce animal. Leur récit ne m'étonnait en rien, et j'engagerai les personnes trop confiantes à faire une promenade au jardin des Plantes, ce qui est moins difficile que de pénétrer dans l'Afrique centrale ; elles auront là des détails de la bouche même d'une victime d'une de ces bêtes fauves, et de plus elles pourront constater sur la figure du gardien dont il s'agit le ravage fait par la griffe terrible d'un léopard.

« Nous marchions depuis une heure environ, quand nous atteignîmes une éclaircie solitaire au centre du bois. J'aperçus un espace entouré de palissades, dont je cherchais en vain à m'expliquer la destination. Je fis signe à mon nègre Tutila d'approcher.

« — Qu'est-ce que cela ? lui demandai-je à l'oreille.

« — Un lazo pour chasser le léopard. »

« On a donné ce nom de lazo au territoire où l'on chasse cette bête féroce, parce que le léopard étant aussi souvent sur les arbres, auxquels il grimpe comme les chats, que sur le sol, on le prend à des espèces de pièges disposés dans les branches.

« Au même instant un jeune chasseur entra dans le lazo, et on entendit un coup de carabine. Nous accourûmes, Tutila et moi, au coup de feu, et nous vîmes un magnifique léopard dans les convulsions qui précèdent la mort. La balle l'avait atteint à la poitrine, et après une courte agonie ses nerfs se détendirent complètement, et il demeura immobile. Du museau à la naissance de la queue, il mesurait un mètre soixante centimètres ; son pelage, d'un fauve clair, avait dix rangées de taches noires, en forme de roses, plus petites et rapprochées sur sa tête et le col ; le ventre marqué de grandes taches noire ; la queue, de soixante-dix centimètres de longueur, portait des marques noires, mais en demi-cercles.

« Le léopard se plaît dans les forêts touffues de l'Afrique ; en Guinée surtout on le rencontre fréquemment. Il se tapit sur les bords des fleuves, où il cherche à surprendre les animaux qui vont se désaltérer. C'est peut-être le plus agile des quadrupèdes ; on le voit au pied d'un arbre, et en un instant il est au sommet. Il ne marche pas, il vole. — Le léopard connaît sa force et étudie celle de son ennemi ; si celui-ci est redoutable, il ne l'attaque pas de front et cherche à le surprendre. Pour le chasser, il faut du courage et de l'adresse ; sa peau est dure à percer, et, s'il vous attaque, malheur à vous ! ses dents sont aiguës, sa mâchoire est d'une vigueur peu commune, et ses griffes sont terribles. Celui sur qui il s'élance est enlevé, meurtri, jeté au loin ; son crâne est broyé, sa poitrine ouverte par la patte de ce redoutable adversaire. Les chasseurs emploient, pour en venir à bout, tantôt des carabines, tantôt une sorte de trident aux pointes aiguës, dont ils appuient le manche contre leur pied, et, lorsque le léopard s'élance, le corps de la bête féroce est profondément percé sans que le chasseur ait eu la peine de le frapper. Tels étaient les détails que Tutila me donnait pendant que le reste de la bande était en quête d'une nouvelle proie. Bientôt, de notre place, nous aperçûmes un léopard qui, du haut d'un arbre, fixait des yeux ardents sur une chèvre placée de l'autre côté de la palissade, et qu'on avait attachée à un pieu pour servir d'appât. Les yeux du léopard étincelaient, ses courtes oreilles se dressaient, son poil ras se hérissait, ses narines se dilataient, et, toutes les fois que les effluves de la chair vivante arrivaient jusqu'à lui, son corps tremblait comme sous l'impression d'une volupté cruelle.

« Il plia ses jarrets comme s'il allait s'élancer, puis se redressa, ferma les yeux, agita son large col, et, battant ses flancs de sa queue, il poussa un rugissement sourd et pro-longé, et resta immobile quelques instants. Il calculait s'il pourrait, d'un bond, franchir la palissade et tomber sur sa proie. Il est dans la nature du léopard de ne rien donner au hasard ; quand il prévoit un péril, il hésite. Il trouva sans doute qu'il était trop loin de la palissade, il descendit de l'arbre et s'approcha en rampant. Ses yeux devenaient brill-lants. Tout à coup il fit entendre un rugissement semblable à une fanfare, et en même temps, franchissant la barri-cade comme une flèche, il se précipita sur la chèvre, d'un coup de gueule lui ouvrit la poitrine, et plongea avec délices sa formidable mâchoire dans les entrailles de sa victime, qu'il tenait dans ses redoutables pattes. Les chasseurs profi-tèrent de ce moment pour l'abattre d'un coup de feu.

« Un quart d'heure s'était à peine écoulé, que la brise ap-porta au nez exercé des chasseurs ces odeurs âcres et péné-trantes qu'exhale la peau du léopard vivant. La situation était critique ; on ne voyait pas l'animal, mais on le sentait. Il se produisit alors un incident curieux qui détourna un instant l'attention des chasseurs. Nous vîmes, dans le lointain, des masses noires se mouvoir entre les arbres, du côté de la prairie. Aussitôt un des noirs monta à un arbre avec une agi-lité surprenante, et, de cet observatoire dominant les brous-sailles, il compta jusqu'à vingt-cinq buffles. Il allait descendre quand les chasseurs, restés au pied de l'arbre, le virent changer de visage : « Regardez, » nous dit-il sans élever la voix et en nous montrant du doigt la prairie. Alors ils virent un drame que le hasard nous offrait : un troisième léopard, qui évidemment guettait un buffle séparé de la troupe, avan-çait lentement et avec prudence, se glissant sous les herbes comme un reptile pour ne pas attirer l'attention de sa proie. Mais peu à peu, à mesure qu'il s'avançait vers le centre de la prairie, le pli de terrain qui lui avait servi comme de chemin couvert s'amoindrissait ; de sorte qu'il y eut un mo-ment où, arrivé à trente pas du buffle, qui n'avait pas encore

vu son redoutable ennemi, il fut entièrement à découvert.
Que le buffle fît un pas à droite ou à gauche, il devait voir
le péril qui le menaçait. On eût dit que le léopard le comprenait, car sa marche, quoique toujours prudente, devint
plus rapide. Arrivé à vingt pas du buffle, il s'arrêta, s'ap-
puya sur ses jarrets d'acier, tendit le col comme pour humer
l'odeur de sa proie ; se relevant ensuite sur ses pattes de
derrière, il bondit du sol, et, en accomplissant un saut prodigieux, alla tomber à dix pas du buffle, puis, sans s'arrêter un moment, sauta de nouveau, mais non assez rapidement pour que le buffle, qui le vit, n'eût le temps de se
retourner précipitamment. Il en résulta qu'au lieu de tomber
sur les reins de l'animal, le léopard tomba sur le cou et la
tête. Le buffle mugit, vacilla un moment sur ses jambes,
puis, se roulant avec fureur, entraîna dans sa chute son ennemi, qui ne lâcha pas sa proie. Tutila et moi, qui nous
étions rapprochés, fîmes feu en même temps, lui sur le léopard, moi sur le buffle ; deux formidables cris de douleur et
de rage répondirent à notre double décharge.

Le buffle, recevant la balle, sauta en l'air avec tant d'impétuosité, que le léopard alla rouler à dix pas plus loin, d'où
il se traîna vers le bois. Le buffle, relevé, suivit la même
direction ; mais bientôt il vacilla, mugit une dernière fois,
et son énorme corps tomba sur le sol. Il était mort. Les
chasseurs coururent au léopard ; ils le trouvèrent sur la
lisière du bois, s'agitant dans les dernières douleurs de
l'agonie. Ses yeux brillaient toujours, et de sa large gueule
entr'ouverte sortait sa langue, recueillant encore des goutte-
lettes de sang chaud dont les poils de son museau étaient
baignés ; il mourait comme il avait vécu, en buvant, en savourant le sang de sa victime. »

XXVIII

LES CHASSES DE L'INDE

Les jungles et les forêts de l'Inde ont été défrichées, depuis cinquante ans, par la hache et la charrue, et les chasseurs européens ont fait de nombreuses hécatombes d'animaux ; mais les grands bois existent encore, et l'on trouve à chaque pas de vastes plaines, où les bêtes féroces et une variété innombrable d'oiseaux règnent en maîtres et connaissent à peine la présence de l'homme.

Les quadrupèdes des grandes Indes sont le tigre, le léopard, l'ours, l'éléphant, le chat des jungles, le lion, le loup, le sanglier, le chacal, le buffle, l'hyène, le jaguar, le chien sauvage, le lynx et une grande variété de daims et de chevreuils.

Parmi les oiseaux, on compte : les faisans dorés et argentés, la perdrix, la buse, les poules et les coqs des jungles, les *hens*, sorte de poules sauvages, les pigeons, les canards, les oies, les ortolans, les pluviers, etc. etc.

Dans les environs de Madras, de Bombay et de Calcutta,

la seule chasse à laquelle se livrent les sportsmen est celle
du chacal, qui remplace, pour les *fox hunters,* la chasse
aux renards; elle a lieu pendant les froides matinées de novembre, décembre, janvier et février. Les chiens dont se
composent les meutes viennent d'Angleterre, et leur entretien
coûte fort cher; mais cette chasse est très utile, car les chacals font de grands ravages dans les fermes, et leur destruction compense bien les dégâts que font les meutes dans les
rizières et les champs de blé.

Dans l'intérieur des terres, le *mofurril,* comme disent les
indigènes, les principales chasses sont celles du sanglier et
du tigre, et les armes défensives sont la lance pour le premier, et la carabine contre le second. Les Anglais, dans
l'Inde, n'emploient pas la méthode allemande, d'attaquer
les sangliers avec des chiens et des armes à feu. Montés sur
de petits chevaux arabes, les chasseurs, armés d'une longue
lance de bambou, attendent, sur le bord des jungles ou des
plantations de cannes à sucre, l'animal rabattu de leur côté
par des traqueurs. Le sanglier paraît; on lui laisse prendre
du champ, et dès qu'il est à une certaine distance tous se
précipitent à sa poursuite.

C'est alors une émulation sans pareille, une course à la
lance, car le héros de la journée est celui qui atteint le
premier l'animal. Souvent cependant le sanglier, serré de
trop près, fait tête aux chiens et aux chasseurs. C'est là un
moment dangereux; car si les chevaux qui sont près de lui
ne peuvent pas faire un saut de côté, ils sont à l'instant dé-
cousus par les boutoirs terribles du quadrupède. La chute
du cavalier peut s'ensuivre, et alors il y a mort d'homme.
Par bonheur ces cas sont rares, car il se trouve toujours, à
côté du gentleman démonté, un ami qui serre l'animal à
temps et l'empêche de faire du mal. A l'heure qu'il est, les
grands défrichements du Decan ont chassé les sangliers vers
le nord, et l'on est souvent obligé de faire plusieurs lieues
pour en rencontrer un seul.

La chasse aux *mangeurs d'hommes,* — c'est ainsi qu'on

désigne les tigres, — ne ressemble en rien à la précédente. Ce n'est point à cheval, mais à dos d'éléphant qu'on la pratique, car on se fie aux défenses du pachyderme et à sa trompe pour être protégé. Généralement les repaires des tigres se trouvent dans les jungles placées dans le voisinage des terres labourées, près des fermes où l'on élève de nombreux bestiaux. C'est pendant la nuit que les tigres s'emparent de leur proie, car pendant la journée ils digèrent : c'est le moment choisi par les sportsmen pour attaquer la bête féroce. Montés sur le dos d'un éléphant, ils ont près d'eux un domestique, dont l'occupation principale est de recharger les armes, puis d'offrir au maître du tabac, du biscuit, de l'eau-de-vie et du *pale ale*.

Lancé hors des jungles par les traqueurs, le tigre bondit et se voit bientôt salué par une décharge générale, qui souvent suffit pour le faire passer de vie à trépas. Mais quelquefois le *men eater* échappe à la fusillade, il bondit avec rage sur le premier éléphant à sa portée, et malheur, soit au *mahout* (le cornac) placé sur le cou de l'éléphant, soit au chasseur qui n'a pas la présence d'esprit et le sang-froid nécessaire pour faire feu et viser droit! Heureusement les amis sont encore là, et ce que l'un ne peut pas faire, l'autre l'accomplit.

Il arrive souvent qu'un tigre dévore un paysan : c'est là un grand malheur pour le village près duquel il a commis ce meurtre ; car dès qu'il a goûté la chair humaine, le félin des jungles ne veut plus d'autre nourriture. Tapi sur les rochers qui dominent les routes, il s'élance sur les voyageurs et emporte leurs restes pantelants jusqu'à son repaire. Lorsque ce fait se passe près d'un établissement européen, le tigre est bientôt tué; mais s'il a lieu dans quelque pays éloigné, une vingtaine de victimes tombent sous ses coups avant qu'il soit mis à mort. Le gouvernement offre et paye une prime de cinq cents roupies (cinquante livres sterling) par tête de tigre. Pour conquérir cette somme et la dépouille opime... de la bête féroce, tous les Indiens en état de porter les armes se mettent en campagne contre le tigre signalé; chaque arbre renferme une garnison, et presque toujours l'animal tombe percé d'un millier de dards.

Je n'entends point ici raconter des histoires de chasse au tigre; mon ami et confrère Jules Gérard a publié, tout dernièrement, un volume des plus intéressants sur cette question, et *le Mangeur d'hommes* est dans les mains de tous nos camarades.

Les Anglais ne chassent point d'ordinaire les éléphants dans l'intention de les tuer. Les habitants voisins des forêts de Coory, où se tiennent en grand nombre les troupes de ces pachydermes, cherchent surtout à prendre ces géants quadrupèdes tout vivants, dans l'intention de les dresser et de les élever à tous les usages. Voici comment ils opèrent pour arriver à leurs fins. Deux éléphants privés partent sans cornacs et s'enfoncent dans les bois, où, comme de vrais traîtres, ils se faufilent au milieu des éléphants sauvages, les caressent et les emmènent par persuasion sur des sentiers le long desquels sont placés des pièges, sortes de nœuds coulants, très solides, à ce point que le plus robuste éléphant, une fois pris, ne peut pas se détacher. Peu à peu, vaincu par la faim, l'éléphant s'apprivoise et se laisse dompter.

C'est à Ceylan seulement que l'on fait la chasse aux éléphants pour les tuer. On les vise d'ordinaire aux yeux, ou aux oreilles, ou au front, et, si le coup a été bien visé, la mort est instantanée. Lorsque l'éléphant n'a été que blessé, il s'élance avec furie contre son ennemi; mais habituellement les chasseurs se placent derrière des arbres, de telle façon qu'ils ont le temps de recharger leurs armes pour envoyer à l'éléphant une seconde balle, à laquelle il échappe difficilement.

La chasse aux ours est très pénible et fort dangereuse. Loin des forêts et des jungles, il faut s'avancer dans les montagnes, repaire habituel des maîtres Martins de l'Inde. Les chasseurs doivent toujours être au nombre de trois au moins, et accompagnés d'une douzaine de traqueurs, dont la mission

Chasse à l'éléphant.

est de rouler des pierres dans les précipices et de forcer les ours à quitter les pentes escarpées. Ils emportent également plusieurs carabines; car, tirant souvent à de grandes distances, ils pourraient se trouver désarmés, et l'on sait que les ours blessés sont bien plus dangereux que ceux que le plomb n'a pas encore atteints.

Les chasseurs se rassemblent en haut du ravin, à la pointe du jour, et, tandis que deux d'entre eux vont se poster à la partie la plus étroite de la gorge, le troisième suit les traqueurs le long de la crête, en les excitant à pousser de grands cris et à rouler des masses de pierres.

L'ours, dérangé par ce bruit, et souvent atteint par les projectiles, commence à gravir le versant du ravin par des chemins où le pied de l'homme ne saurait se poser. C'est le moment de faire feu, car l'animal avance rapidement : s'il est blessé, on a la chance de le voir faire un faux pas et tomber au fond du précipice; dans le cas contraire, il ne tarde pas à rejoindre les chasseurs.

C'est là le moment critique, et le chasseur doit mettre un genou en terre pour viser mieux. De cette façon il se trouve au niveau de l'ours, et rien ne dérange la ligne directe de son feu. Il y a deux manières de tuer un ours : en le visant entre les deux yeux, à une distance de six ou sept pas, ou bien au défaut de l'épaule. L'ours est-il par terre, un vrai chasseur se garde bien d'avancer sur-le-champ près de lui, avant que l'agonie soit terminée. Généralement les *bear hunters* indiens mettent double charge dans leur fusil, c'est-à-dire deux drachmes et demie de poudre pour une balle de dix-huit à la livre. Les carabines à un seul coup sont les armes préférées des sportsmen indiens.

La chasse aux buffles sauvages est fort importante dans l'Inde; elle occupe les loisirs d'un grand nombre de gens qui, pour arriver à leur but, nourrissent des buffles domestiques destinés à remplir le même office, auprès de leurs congénères, que les éléphants dont j'ai déjà parlé. Ce rôle de traître, les buffles que l'on soigne d'une façon toute particulière, eu égard au rôle important qu'ils jouent dans le drame cynégétique, et que l'on conduit chaque jour aux pâtures par un *mahout* spécial, ce rôle, dis-je, est rempli par eux avec l'habileté la plus consommée; et il n'est pas rare de voir arriver, à la suite des traîtres, tout un troupeau de ruminants, qui tombe dans le piège que les hommes lui ont tendu. Un trophée glorieux de chasse est celui d'une paire de cornes de buffles, qui généralement mesurent cinq ou six pieds chacune. La chasse de ces animaux se fait au fusil ou à la carabine.

Je terminerai ce chapitre par la description d'une chasse au daim, faite par un de mes amis, en décembre dernier, et dont il a eu l'obligeance de m'adresser la relation.

« Une longue expérience m'a appris que la meilleure manière de chasser les daims est de les entourer silencieusement, à cheval, et d'approcher d'eux le plus près possible, sans les effrayer, jusqu'à ce que l'on ait de son côté le vent et le soleil. Aussi, dès que je me trouve en vue de l'animal, je prends d'ordinaire ma carabine aux mains du porteur qui marche près de moi, je l'arme et je pousse un cri. Le daim se tourne alors rapidement vers moi, me présentant son poitrail blanc, et demeure immobile, laissant fuir le reste du troupeau. Je fais feu à cent cinquante pas, en visant en pleine poitrine, à la naissance du cou. Rarement je manque le but, car une bonne arme dévie plutôt de haut en bas que de gauche à droite.

« Lorsque je chasse avec un ami, voici comment je procède : dès que j'aperçois une harde d'animaux, je place mes gens en face, et je vais prendre la droite, tandis que mon camarade suit la gauche. Les daims, surpris, commencent un mouvement rétrograde, les yeux fixés sur le gros de la troupe; mais ils sont gardés à vue par mon confrère et moi, et nous suivons pas à pas le chef de la harde, galopant lorsqu'il galope, nous arrêtant lorsqu'il s'arrête. Dès que les sinuosités du terrain permettent à l'un ou à l'autre de faire feu, nous choisissons notre victime, qui tombe généralement pour ne plus se relever. Il va sans dire que nous continuons le même manège aussi longtemps que faire se peut. Il est rare toutefois que nous n'abattions pas six têtes sur une harde de quinze, et cela dans l'espace de deux à trois heures. »

C'est assez joli comme cela ! N'est-il pas vrai, ami lecteur ?

FIN

TABLE DES MATIÈRES

17909. — Tours, impr. Mame.